JN107069

河合塾
SERIES

マーク式 基礎問題集

化学 改訂版

［理論・無機］

河合塾講師
忽那一也・中村和之
…［共著］

河合出版

10	11	12	13	14	15	16	17	18
								2 He 4.0
			5 B 11	6 C 12	7 N 14	8 O 16	9 F 19	10 Ne 20
			13 Al 27	14 Si 28	15 P 31	16 S 32	17 Cl 35.5	18 Ar 40
28 Ni 59	29 Cu 63.5	30 Zn 65.4	31 Ga 70	32 Ge 73	33 As 75	34 Se 79	35 Br 80	36 Kr 84
46 Pd 106	47 Ag 108	48 Cd 112	49 In 115	50 Sn 119	51 Sb 122	52 Te 128	53 I 127	54 Xe 131
78 Pt 195	79 Au 197	80 Hg 201	81 Tl 204	82 Pb 207	83 Bi 209	84 Po (210)	85 At (210)	86 Rn (222)
110 Ds (281)	111 Rg (280)	112 Cn (285)	113 Nh (286)	114 Fl (289)	115 Mc (289)	116 Lv (293)	117 Ts (294)	118 Og (294)

元素の

ハロゲン元素

貴ガス元素

☐ 金属元素　　☐ 非金属元素

は　じ　め　に

　この問題集は，大学入学共通テストおよびマーク式の私大入試など
を対象にしたものである。

　大学入学共通テストの問題は，基礎的な知識と理解力をもち，それ
に基づく思考力と読解力を養っておけば，解けるようになっている。

　この問題集では，基礎的な知識と理解力が身につくように問題を精
選し，さらに解答・解説が詳細に記述されている。したがって，問題
を解き，解答・解説を熟読することにより，その分野の基本事項がす
べて学習できるようになっている。

　本シリーズは，理論化学・無機化学分野と有機化学分野の2分冊か
らなる。

　共通テスト「化学」は，ほぼ半分が理論化学の分野になっており，
無機化学は理論化学と融合問題として出題されるケースが増えている。
理論化学に苦手意識をもつ受験生が多いが，公式と化学用語の意味を
理解したうえで，標準的な問題をじっくり解くことにより，基礎的な
知識と理解が完全なものになり，さらに思考力が養われる。また，無
機物質の基本的な性質を，各元素ごとに整理して学習することにより，
無機・理論の融合問題にも対応できるようになる。

　なお，本シリーズで基礎的な知識と理解力を習得したのち，河合出
版の「共通テスト総合問題集」で思考力・実戦力を養えば，大学入学
共通テストに対する備えは万全であろう。

著者　記す

目　　次

第1章　物質の状態

第2章　物質の変化

第3章　無機物質

第4章　無機・理論融合問題

第1章

物質の状態

第1問　分子

問1　分子間にはたらく力

次の記述中の　1　～　4　に当てはまるものを，下の①～⑨のうちから一つずつ選べ。ただし，同じものを繰り返し選んではいけない。

すべての分子にはたらく弱い力を　1　といい，この力は，分子量が大きくなるほど強くなる。この力のもとになる主なものとして，分子内の電子分布の瞬間的な非対称性（電子分布のゆらぎ）による引力がある。

極性分子には，　1　に加えて分子の極性による静電気的な引力が加わるため，分子量があまり変わらない場合には，無極性分子より極性分子の方が分子間にはたらく力は強くなる。したがって，分子量32のモノシラン SiH_4 より分子量34の硫化水素 H_2S の方が，沸点は　2　い。

周期表の第2周期の電気陰性度が大きい元素　3　の原子と水素原子の共有結合からなる結合様式をもつ分子間には，分子の極性による静電気的な引力より強い力がはたらいている。この力による結合は　4　とよばれ，この結合を形成する分子の沸点は，分子量の大きさや分子の極性の程度から予想される沸点より，かなり高くなる。

①　水素結合　　　　　　　②　イオン結合　　　　③　共有結合
④　ファンデルワールス力　⑤　高　　　　　　　　⑥　低
⑦　C, N, O　　　　　　　⑧　N, O, F　　　　　　⑨　F, Cl, S

問 2　水素結合

　　同じ分子どうしで水素結合を形成することができるものの組合せとして正しいものを，次の①～⑤のうちから一つ選べ。 | 5 |

①　水素，酢酸

②　アンモニア，アセトアルデヒド

③　水，アセトン

④　フッ素，ベンゼン

⑤　フッ化水素，エタノール

問3　分子からなる物質の沸点

　次の図1は，周期表の14〜17族元素の水素化合物の沸点を示したものである。この図に関する下の記述①〜④のうちから，下線部に**誤りを含むもの**を一つ選べ。　6

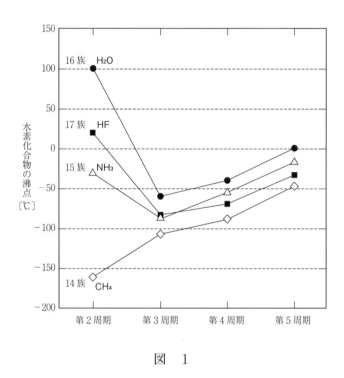

図　1

① 　14族元素の水素化合物の沸点の変化は，分子量が大きくなるほどファンデルワールス力が強くなることに関係している。

② 　第3周期から第5周期の16族元素の水素化合物の沸点の違いは，分子量が大きくなるほど分子の極性が大きくなるからである。

③ 　第2周期の15〜17族元素の水素化合物の分子量が小さいに
　もかかわらず沸点が高いのは，これらの分子間に水素結合が形
　成されるからである。

④ 　第3周期の16族元素の水素化合物が14族元素の水素化合物
　より沸点が高いのは，16族元素の水素化物が極性分子であり，
　14族元素の水素化物が無極性分子であるからである。

第2問　結晶の構造

問1　金属の結晶格子

金属の結晶に関する記述として下線部に**誤りを含むもの**を，次の①～⑤のうちから一つ選べ。　 1

① 配位数は，<u>体心立方格子では 8，面心立方格子では 12 となる。</u>

② 単位格子に含まれる原子の数は，<u>体心立方格子では 2 個，面心立方格子では 4 個である。</u>

③ 金属原子の原子半径を r〔cm〕，単位格子の一辺の長さを L〔cm〕とすると，<u>体心立方格子では $4r = \sqrt{3}L$，面心立方格子では $4r = \sqrt{2}L$ となる。</u>

④ 金属元素の原子量を M，結晶の密度を d〔g/cm^3〕，単位格子の一辺の長さを L〔cm〕とすると，体心立方格子ではアボガドロ定数 N〔/mol〕は <u>$N = \dfrac{2M}{dL^3}$ となる。</u>

⑤ 充填率は，<u>面心立方格子より六方最密構造の方が大きい。</u>

問2　イオン結晶

　　イオン結晶の代表的な結晶格子には，塩化ナトリウムが示す結晶構造 A と塩化セシウムが示す結晶構造 B があり，それぞれの単位格子は次に示したような立方体となっている。これに関する記述として**誤りを含むもの**を，下の①〜⑤のうちから一つ選べ。

2

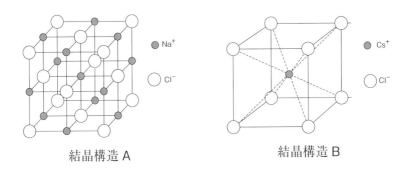

結晶構造 A　　　　　　　　結晶構造 B

① 　結晶構造 A において，陽イオンどうしは互いに面心立方格子の構造をとっている。

② 　配位数は，結晶構造 A では 12，結晶構造 B では 8 である。

③ 　単位格子中に含まれるイオンの総数は，結晶構造 A では 8 個，結晶構造 B では 2 個である。

④ 　陽イオンと陰イオンの中心間の最短距離は，結晶構造 A では立方体一辺の長さの $\frac{1}{2}$ 倍となり，結晶構造 B では立方体一辺の長さの $\frac{\sqrt{3}}{2}$ 倍となる。

⑤ 　フッ化カルシウムの構造は，結晶構造 A，B のいずれでもない。

問3　分子結晶

　　次の問い（**a** ・ **b**）に答えよ。

a　次の図１は，温度による水の密度の変化を示したものである。
　　０℃の氷の密度は0.9168 g/cm³であるが，０℃の液体の水の密
　　度は大きく増加し，４℃付近で最大値のほぼ１g/cm³となる。
　　さらに温度が上がると，水の密度は減少していく。

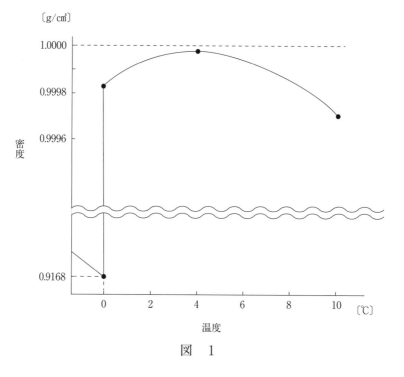

図　１

　　この図に関する記述として正しいものを，次の①～④のうち
　　から一つ選べ。　　3

　①　氷の結晶中ではすべての水分子が水素結合で結びついてい
　　るため，液体の水より体積の小さい密な構造となっている。

② 0℃において，氷が融解することにより水の密度が増大するのは，水素結合の一部が切れて隙間の多い構造になるためである。

③ 0℃の液体の水が4℃に達するまで密度が増加するのは，水素結合が切れて隙間の多い構造が減少する効果より，分子の熱運動が大きくなる効果の方が大きいからである。

④ 4℃より温度が高くなると水の密度が減少するのは，水分子が熱運動により広がって，体積が大きくなるためである。

b 二酸化炭素の結晶であるドライアイスの単位格子は，図2に示すような面心立方格子となっている。単位格子の一辺の長さを $5.6×10^{-8}$ cm とすると，1.0 cm^3 のドライアイスの結晶中に存在する酸素原子の数として最も適当なものを，下の①〜⑥のうちから一つ選べ。 4 個

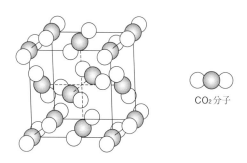

CO₂分子

図 2

① $2.3×10^{22}$ ② $4.6×10^{22}$ ③ $9.2×10^{22}$

④ $2.3×10^{23}$ ⑤ $4.6×10^{23}$ ⑥ $9.2×10^{23}$

問4　共有結合の結晶

　ダイヤモンドの結晶構造は，次の図3に示すような単位格子と
なっている。単位格子である立方体の各頂点とそれぞれの面の中
心に炭素原子が存在し，さらにこの立方体を8分割して生じる小
さな立方体の1つ置きの中心に炭素原子が存在している。した
がって，すべての炭素原子が共有結合で正四面体を形づくった構
造が繰り返されている。

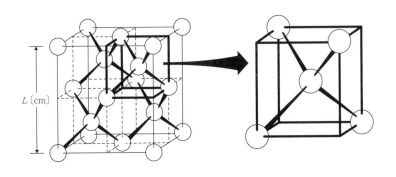

図　3

　単位格子1個の中に含まれる炭素原子の数と，単位格子の一辺
の長さ L〔cm〕で表した炭素原子間の最短距離の組合せとして最
も適当なものを，次頁の①～⑥のうちから一つ選べ。　5

	炭素原子の数	最短距離〔cm〕
①	8	$\dfrac{\sqrt{3}}{4}L$
②	8	$\dfrac{\sqrt{3}}{2}L$
③	8	$\sqrt{3}L$
④	12	$\dfrac{\sqrt{3}}{4}L$
⑤	12	$\dfrac{\sqrt{3}}{2}L$
⑥	12	$\sqrt{3}L$

第3問　気体

問1　理想気体の状態方程式

　　気体の圧力，温度，体積を変化させることができる次のようなコック付きの容器がある。体積を1.0 L に固定し，温度を300 K に保った状態で，容器内の圧力が 3.0×10^5 Pa になるまで，コックを通してヘリウムを容器内に注入してコックを閉じた。この状態を状態Sとし，これに関する下の問い（**a・b**）に答えよ。ただし，気体はすべて理想気体とみなす。

a　状態Sの装置を，大気（圧力 1.0×10^5 Pa，温度 300 K）のもとでコックを開いたのち，コックを閉じた。このとき，容器内の気体の全物質量は，初めに封入したヘリウムの物質量の何倍に変化したか。最も適当な数値を，次の①～⑤のうちから一つ選べ。ただし，一連の操作において，温度と体積は常に一定に保たれている。　| 1 |倍

①　$\dfrac{1}{6}$　　②　$\dfrac{1}{3}$　　③　$\dfrac{2}{3}$　　④　$\dfrac{5}{6}$　　⑤　1

b 状態 S の装置のピストンを動かせるようにしたのち，コックを閉じた状態で，圧力と温度を調節して，図1のようにイ→ロ→ハの順に容器内の気体の状態を変化させた。一連の操作における圧力と温度の関係として最も適当なものを，次の①〜④のうちから一つ選べ。 2

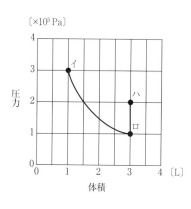

図　1

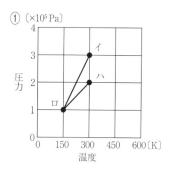

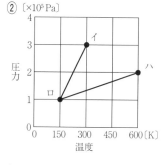

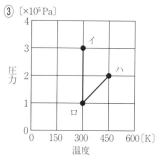

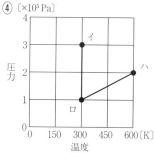

問2　気体の圧力

　　容器Ａと容器Ｂが，水銀が入ったＵ字管で次の図２のように連結された装置がある。容器Ａの圧力は5.0×10^4 Pa，容器Ｂの圧力は1.0×10^5 Pa である。これに関する下の問い（**a**・**b**）に答えよ。ただし，1.0×10^5 Pa $= 760$ mmHg，水銀の密度は13.6 g/cm^{3}とする。

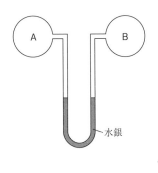

図　２

a　容器Ａ側と容器Ｂ側の水銀面の高さの差は何 cm になるか。最も適当な数値を，次の①～⑧のうちから一つ選べ。ただし，Ａ側の方がＢ側より高い場合には＋とし，低い場合には－とする。　3　cm

① －76　　　② －38　　　③ －7.6　　　④ －3.8

⑤ ＋3.8　　　⑥ ＋7.6　　　⑦ ＋38　　　⑧ ＋76

b U字管の水銀を密度$6.8\,\text{g/cm}^3$の液体Xに置き換えると，容器A側と容器B側の水銀面の高さの差は，前問**a**と比べてどのように変化するか。最も適当なものを，次の①〜⑤のうちから一つ選べ。 4

① $\dfrac{1}{4}$ となる。

② $\dfrac{1}{2}$ となる。

③ 変わらない。

④ 2倍となる。

⑤ 4倍となる。

問3　混合気体の分圧，密度，平均分子量

　　3.2 g のメタンと 2.8 g の窒素からなる混合気体があり，400 K
におけるこの混合気体の圧力は 2.0×10^5 Pa である。これに関す
る次の問い（**a**・**b**）に答えよ。ただし，気体はすべて理想気体と
みなし，気体定数は $R = 8.3 \times 10^3$ Pa・L/（K・mol），原子量は H
= 1.0，C = 12，N = 14 とする。

a　体積を一定に保ったまま，温度を 300K にしたときの窒素の
　　分圧として最も適当な数値を，次の①〜⑥のうちから一つ選べ。
　　　5　Pa

　　①　1.0×10^4　　　　②　2.0×10^4　　　　③　5.0×10^4
　　④　1.0×10^5　　　　⑤　2.0×10^5　　　　⑥　5.0×10^5

b　400K におけるこの混合気体の密度〔g/L〕として最も適当な
　　数値を，次の①〜⑥のうちから一つ選べ。　　6　g/L

　　①　0.10　　　　　②　0.50　　　　　③　0.60
　　④　0.80　　　　　⑤　1.0　　　　　　⑥　1.2

問4　蒸発平衡

　17℃ に保った容積58 L の三つの容器 A，B，C に，圧力760 mmHg$(1.0 \times 10^5\,\mathrm{Pa})$の空気を満たした。そののち，容器 A には0.10 mol，容器 B には0.30 mol，容器 C には0.50 mol のメタノールを入れ，直ちに密閉した。17℃のメタノールの蒸気圧を83 mmHg としたとき，容器 A，B，C の圧力 P_A〔mmHg〕，P_B〔mmHg〕，P_C〔mmHg〕の大小関係を正しく表したものを，次の①〜④のうちから一つ選べ。ただし，気体定数は $R = 8.3 \times 10^3\,\mathrm{Pa \cdot L/(K \cdot mol)}$とする。　　7

① 760 mmHg $< P_A = P_B = P_C$

② 760 mmHg $< P_A = P_B < P_C$

③ 760 mmHg $< P_A < P_B = P_C$

④ 760 mmHg $< P_A < P_B < P_C$

問5　飽和蒸気圧

　　図3は水の蒸気圧曲線を示したものである。ピストン付きの密閉容器に水 0.020 mol と窒素 0.020 mol を入れ，容器内の圧力を 1.0×10^5 Pa に保ちながら110℃まで加熱して水をすべて気体とした。これに関する下の問い（**a**・**b**）に答えよ。

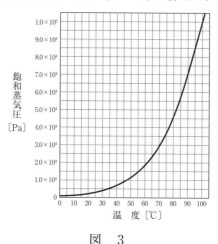

図　3

a　圧力を 1.0×10^5 Pa に保ちながら温度を下げていくと，何℃で水が凝縮し始めるか。最も適当な数値を，次の①〜⑤のうちから一つ選べ。　8　℃

　　①　63　　　　②　70　　　　③　75　　　④　82　　　⑤　100

b　さらに圧力を一定に保ちながら温度を下げると，容器内には 0.025 mol の気体が存在していた。このときの温度として最も適当な数値を，次の①〜⑤のうちから一つ選べ。　9　℃

　　①　20　　　　②　35　　　　③　42　　　④　53　　　⑤　62

問6　理想気体と実在気体

　　実在気体は理想気体の状態方程式が厳密には成立しない。実在気体の理想気体からのずれに関する次の記述 **a** ～ **c** について，正誤の組合せとして正しいものを，下の①～⑧のうちから一つ選べ。

10

a　同種の分子において，温度を低くすると分子の熱運動が小さくなるので，分子間力の影響が小さくなり，ずれは小さくなる。

b　同種の分子において，圧力が高いほど分子自身の大きさの影響が小さくなり，ずれは小さくなる。

c　無極性分子において，分子量が大きいほど分子間力が大きくなり，ずれは大きくなる。

	a	**b**	**c**
①	正	正	正
②	正	正	誤
③	正	誤	正
④	正	誤	誤
⑤	誤	正	正
⑥	誤	正	誤
⑦	誤	誤	正
⑧	誤	誤	誤

問 7　物質の状態図

　温度と圧力により，物質がどのような状態（固体，液体，気体）にあるかを表した図を状態図という。次の図 4 は水の状態図を，図 5 は二酸化炭素の状態図を表したものである。これらの図に関する次頁の記述①〜⑦のうちから，**誤りを含むもの**を二つ選べ。 11 ， 12

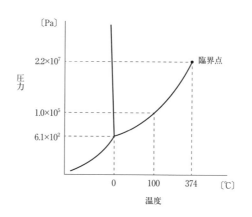

図　4

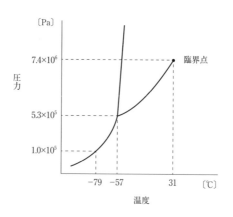

図　5

① 圧力1.0×10⁵ Pa のもとで，氷は 0 ℃で融解し，ドライアイスは−79℃で融解する。

② 圧力5.3×10⁵ Pa，温度30℃において，水は液体であり，二酸化炭素は気体である。

③ 圧力2.0×10⁵ Pa，温度100℃において，水は液体として存在する。

④ 二酸化炭素が液体として存在しているときには，圧力は5.3×10⁵ Pa より高い環境にある。

⑤ 一定の温度に保ったまま，氷とドライアイスを加圧していくと，どちらも融解して液体に変化する。

⑥ 三重点においては，水も二酸化炭素も固体，液体，気体の3つの状態が共存することができる。

⑦ 三重点より低い圧力のもとで，氷とドライアイスの温度を上げていくと，どちらも昇華する。

第4問　溶液

問1　固体の溶解

　　次の図1は，水に対する硝酸ナトリウムと硝酸カリウムの溶解度曲線である。縦軸（溶解度）は水 100 g に溶ける無水物の最大量〔g〕を示している。硝酸ナトリウム 100 g と硝酸カリウム 50 g の混合物を，60 ℃で水 100 g に溶かした。この溶液に関する下の記述①～⑤のうちから，**誤りを含むもの**を一つ選べ。ただし，溶解度は他の塩が共存していても変わらないものとし，また，析出する塩はすべて無水物とする。　1

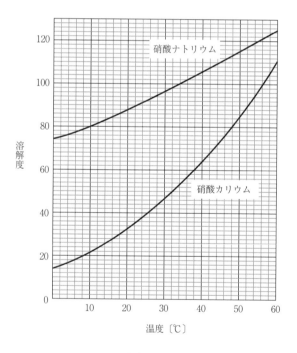

図　1

① 40℃まで冷却しても結晶は析出しない。

② 温度を下げていったとき，先に析出する結晶は硝酸ナトリウムである。

③ 30℃まで冷却したときに析出する結晶は，2種類の塩となっている。

④ 10℃まで冷却したときに析出する結晶の量は，硝酸カリウムの方が硝酸ナトリウムより多い。

⑤ 10℃まで冷却したとき，溶液の硝酸カリウムの質量パーセント濃度は 15 ％より大きい。

問2　気体の溶解

次の問い（**a** ・ **b**）に答えよ。

a　次の記述ア～ウの正誤の組合せとして正しいものを，下の①
～⑧のうちから一つ選べ。　2

ア　池の水に溶けている酸素の量は，水温が上昇すると減少する。

イ　同じ温度で，$1.0×10^5$ Pa の空気に接した水には，$0.2×10^5$ Pa の酸素に接した水に比べて，5倍の質量の酸素が溶ける。

ウ　炭酸飲料の入った缶の栓を開けると泡が出るのは，気体の溶解度は圧力が小さくなると減少することに関係している。

	ア	イ	ウ
①	正	正	正
②	正	正	誤
③	正	誤	正
④	誤	正	正
⑤	正	誤	誤
⑥	誤	正	誤
⑦	誤	誤	正
⑧	誤	誤	誤

b 20℃，1.0×10^5 Pa の気体が水と接して平衡状態にある。気体の主成分は体積比が 4：1 の窒素と酸素の混合気体であり，その他に微量成分として体積百分率で 0.04% の二酸化炭素が含まれている。水に溶けた気体の二酸化炭素の占める割合はモル比で何パーセントになるか。最も適当な数値を，次の①～⑤のうちから一つ選べ。ただし，20℃，1.0×10^5 Pa において 1 L の水に溶ける窒素，酸素，二酸化炭素の量はそれぞれ，7.0×10^{-4} mol，1.4×10^{-3} mol，4.0×10^{-2} mol であり，また，それぞれの気体の溶解についてはヘンリーの法則が成立するものとする。 3 ％

① 1.9 ② 3.8 ③ 19 ④ 38 ⑤ 76

問3　溶液の性質

現象と化学用語の組合せとして**適当でないもの**を，次の①～⑤のうちから一つ選べ。　4

	現　　　象	化学用語
①	海水で濡れたタオルは，真水で濡れたタオルより乾きにくい。	蒸気圧降下
②	赤血球を水に入れると，赤血球は膨張して破裂する。	浸　透
③	自動車のエンジンの冷却水は，不凍液を加えることにより，凍結しにくくなる。	凝固点降下
④	圧力がまの中では，純水は100℃より高い温度で沸騰する。	沸点上昇
⑤	墨汁には，にかわが入っているため，炭素粒子が沈殿しにくくなっている。	保護コロイド

問4　凝固点降下

次の水溶液A，B，Cを，凝固点の高いものから並べた順序として正しいものを，下の①～⑥のうちから一つ選べ。　5

A　1gのグルコース(分子量180)を，水100gに溶かした水溶液

B　1gの尿素(分子量60)を水500gに溶かした水溶液

C　1gの臭化ナトリウム(式量103)を水500gに溶かした水溶液

①　A＞B＞C　　②　A＞C＞B　　③　B＞A＞C

④　B＞C＞A　　⑤　C＞A＞B　　⑥　C＞B＞A

問5　蒸気圧と沸点

　　次の図2の曲線ア〜ウは，不揮発性物質 X の 1 mol/kg の水溶液および 2 mol/kg の水溶液，純水について，温度と蒸気圧の関係を示したものである。ある外圧のもとで，2 mol/kg の水溶液の沸点を測定したところ，102℃であった。同じ外圧のもとでの純水の沸点は何℃になるか。下の①〜⑧のうちから，最も適当な値を一つ選べ。　6　℃

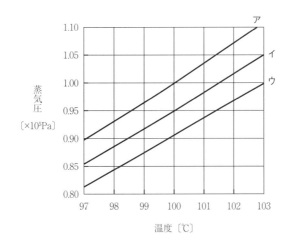

図　2

① 98.0　　　② 98.5　　　③ 99.0　　　④ 99.5

⑤ 100.0　　⑥ 100.5　　⑦ 101.0　　⑧ 101.5

問6　浸透圧

　浸透圧に関する次の問い(**a・b**)に答えよ。

a　次の文章中の空欄 ア と イ に入れる語句および数値
の組合せとして最も適当なものを，下の①〜⑥のうちから一つ
選べ。 7

　水分子は通すが，スクロース(ショ糖)分子，ナトリウムイオ
ンおよび塩化物イオンは通さない半透膜を中央に固定したU
字管がある。図3のように，A側には100 mLの純水を，B側
には100 mLの0.10 mol/Lのスクロース水溶液を入れた。十
分な時間を置くと，A側とB側の液面の高さに差が生じ，
ア の液面が高くなった。次に，A側に イ molの塩化
ナトリウムを加えて溶かしたのち，十分な時間を置くと，A側
とB側の液面の高さは同じとなった。

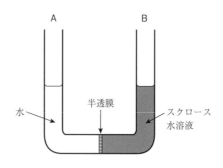

図　3

	ア	イ
①	A 側	0.0050
②	A 側	0.010
③	A 側	0.020
④	B 側	0.0050
⑤	B 側	0.010
⑥	B 側	0.020

b　あるタンパク質 0.050 g を溶かした水溶液 10 mL がある。この水溶液の浸透圧を測定したところ，27 ℃で $8.3×10^2$ Pa であった。このタンパク質の分子量として最も適当な値を，次の①〜⑥のうちから一つ選べ。ただし，気体定数は $R = 8.3×10^3$ Pa・L/(K・mol) とする。 8

① $1.5×10^3$ 　　② $3.0×10^3$ 　　③ $6.0×10^3$

④ $1.5×10^4$ 　　⑤ $3.0×10^4$ 　　⑥ $6.0×10^4$

問7　コロイド

　あるコロイド水溶液に，硫酸カリウム，塩化カリウム，塩化カルシウムを少量加えたところ，いずれからも沈殿が生じた。沈殿の生成に必要な塩の最小物質量は，硫酸カリウムが最も低かった。これに関する次の記述①〜⑤のうちから，正しいものを一つ選べ。

　9

① 　この水溶液は，親水コロイドである。

② 　このコロイド溶液を電気泳動すると，陰極に移動する。

③ 　この水溶液で沈殿が生じる現象を塩析という。

④ 　このコロイド水溶液に細い光線を照射すると，コロイド粒子が不規則に運動していることが観測できる。

⑤ 　このコロイド水溶液をセロハンの袋に入れて流水中に浸すと，コロイド粒子は流水中に移動する。

第2章

物質の変化

第1問 物質のエネルギーとその変化

問1 生成エンタルピーと燃焼エンタルピー

次の反応(1)～(4)とそれらの反応エンタルピーに関する下の記述①～⑤のうちから，**誤りを含むもの**を一つ選べ。ただし，燃焼により生じる水は液体とする。 1

$$CO(気) + \frac{1}{2}O_2(気) \longrightarrow CO_2(気) \qquad \Delta H_1 = -283 \text{ kJ} \qquad (1)$$

$$C(黒鉛) + \frac{1}{2}O_2(気) \longrightarrow CO(気) \qquad \Delta H_2 = -111 \text{ kJ} \qquad (2)$$

$$CH_4(気) + \frac{3}{2}O_2(気) \longrightarrow CO(気) + 2 H_2O(液)$$
$$\Delta H_3 = -608 \text{ kJ} \qquad (3)$$

$$2 H_2(気) + O_2(気) \longrightarrow 2 H_2O(液) \qquad \Delta H_4 = -572 \text{ kJ} \qquad (4)$$

① 一酸化炭素の生成エンタルピーは -111 kJ/mol，液体の水の生成エンタルピーは -286 kJ/mol である。

② 一酸化炭素の燃焼エンタルピーは -283 kJ/mol，黒鉛の燃焼エンタルピーは -111 kJ/mol である。

③ 二酸化炭素の生成エンタルピーは -394 kJ/mol である。

④ メタンの燃焼エンタルピーは -891 kJ/mol である。

⑤ メタンの生成エンタルピーは -75 kJ/mol である。

問2　燃焼エンタルピー

メタンが燃焼するときの反応エンタルピーは次のとおりである。これに関する下の問い(**a**・**b**)に答えよ。

$$CH_4(気) + 2O_2(気) \longrightarrow CO_2(気) + 2H_2O(液)$$
$$\Delta H_1 = -891 \text{ kJ}$$

$$CH_4(気) + \frac{3}{2}O_2(気) \longrightarrow CO(気) + 2H_2O(液)$$
$$\Delta H_2 = -608 \text{ kJ}$$

a　一酸化炭素の燃焼エンタルピーとして最も適当な値を，次の①〜⑤のうちから一つ選べ。　| 2 |　kJ/mol

①　−71　　②　−94　　③　−142　　④　−213　　⑤　−283

b　メタンに酸素を加えて燃焼させたところ，上記の反応式で表される二種類の反応が起きた。このとき，メタン1.0 molから一酸化炭素と二酸化炭素の混合気体と液体の水が生じ，834 kJの熱が発生した。この反応で使われた酸素の物質量として最も適当な値を，次の①〜⑤のうちから一つ選べ。　| 3 |　mol

①　1.0　　②　1.2　　③　1.9　　④　2.4　　⑤　3.5

問3　溶解エンタルピーと中和エンタルピー

　次の文を読んで，次頁の問い（**a**・**b**）に答えよ。

　発泡スチロールの容器に25℃の水を480 g入れ，そこに固体の水酸化ナトリウム 20 gを加え，速やかに溶解させたところ，溶液の温度は図1のように変化した。図1より，温度の上昇に使われないで逃げた熱の補正をすると，容器の温度は　ア　℃まで上昇したことになる。次に，生じた水酸化ナトリウム水溶液 500 gの温度が25℃になったところで，同じ温度の2.0 mol/Lの塩酸 500 gをすばやく加えたところ，再び温度が上昇したので，先ほどと同様にして，温度の上昇に使われないで逃げた熱の補正をすると，容器の温度は31.7℃まで上昇したことが判明した。ただし，水溶液の密度は1.0 g/mL，水溶液 1 gの温度を1 K上げるのに必要な熱量は4.2×10^{-3} kJとする。

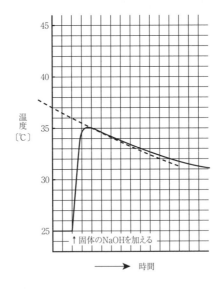

図　1

a 　 ア 　に当てはまる数値とその値から求めた水酸化ナトリウムの溶解エンタルピーの値の組合せとして最も適当なものを，次の①〜⑥のうちから一つ選べ。ただし，原子量は H ＝1.0，O ＝16，Na ＝23とする。 4

	ア	溶解エンタルピー（kJ/mol）
①	35	－23
②	35	－46
③	36	－23
④	36	－46
⑤	37	－23
⑥	37	－46

b 　次の反応のエンタルピー変化 Q の値として最も適当なものを，下の①〜⑤のうちから一つ選べ。 5 kJ

$$NaOH（固）＋ HClaq \longrightarrow NaClaq ＋ H_2O（液） \quad \Delta H ＝ Q〔kJ〕$$

① 　－45 　　② 　－56 　　③ 　－68 　　④ 　－90

⑤ 　－102

問4 結合エネルギー(結合エンタルピー)

次の問い(**a**・**b**)に答えよ。

a 次の図は，常温・常圧における 1 mol の水の生成に関する反応のエンタルピー変化と水の状態変化のエンタルピー変化を示している。これに関する記述として**誤りを含むもの**を，下の①〜⑤のうちから一つ選べ。 6

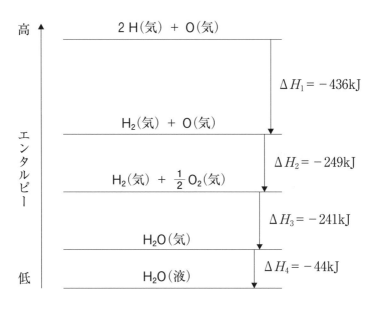

① 水の蒸発エンタルピーは -44 kJ/mol である。

② 水分子中の O−H の結合エネルギーは 463 kJ/mol である。

③ H_2 の H−H の結合エネルギーは 436 kJ/mol である。

④ 液体の水の生成エンタルピーは -285 kJ/mol である。

⑤ O_2 の O=O の結合エネルギーは 498 kJ/mol である。

b 次の反応(1)～(4)の反応エンタルピーより，エチレン C_2H_4 $(CH_2=CH_2)$ 中の $C=C$ の結合エネルギーの値として最も適当なものを，下の①～⑤のうちから一つ選べ。 7 kJ/mol

$$H_2(気) \longrightarrow 2\,H(気) \qquad\qquad \Delta H_1 = 436\ \text{kJ} \qquad (1)$$

$$CH_4(気) \longrightarrow C(気) + 4\,H(気) \qquad \Delta H_2 = 1652\ \text{kJ} \qquad (2)$$

$$C_2H_6(気) \longrightarrow 2\,C(気) + 6\,H(気) \qquad \Delta H_3 = 2826\ \text{kJ} \qquad (3)$$

$$C_2H_4(気) + H_2(気) \longrightarrow C_2H_6(気) \qquad \Delta H_4 = -150\ \text{kJ} \qquad (4)$$

① 348　　② 413　　③ 588　　④ 696　　⑤ 761

問5　化学反応の自発的変化

次の記述①～④のうちから，下線部に**誤りを含むもの**を一つ選べ。 8

① 大気圧下において，氷は 0 ℃ より高い時には融解して液体の水に変化する。これは，エンタルピーの変化より，エントロピーの変化の効果が大きいからである。

② 大気圧下において，液体の水は 0 ℃ より低い時には凝固して氷に変化する。これは，エントロピーの変化より，エンタルピーの変化の効果が大きいからである。

③ 水酸化ナトリウムの溶解エンタルピーは −46 kJ/mol であり，水によく溶ける。これは，溶解エンタルピーが減少し，エントロピーが増大するためである。

④ 気体のアンモニアと気体の塩化水素から固体の塩化アンモニウムが生じる反応は容易に起こる。これは，エンタルピーの変化より，エントロピーが増大する効果が大きいためである。

第2問　電池と電気分解

問1　ダニエル電池

　　銅板と亜鉛板を電極として図1のようなダニエル電池をつくり，電球をつないで放電させた。この電池について，下の問い（**a・b**）に答えよ。ただし，ファラデー定数 $= 9.65 \times 10^4$ C/mol，原子量は Cu $= 64$，Zn $= 65$ とする。

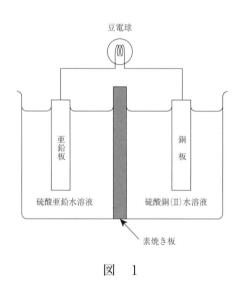

図　1

a　この実験に関する記述として**誤りを含むもの**を，次の①〜⑤のうちから一つ選べ。　| 1 |

①　硫酸亜鉛水溶液と硫酸銅（Ⅱ）水溶液を希硫酸に変えると，銅板の表面で気体が発生する。

②　陰イオンは素焼き板中を，硫酸亜鉛水溶液側から硫酸銅（Ⅱ）水溶液側に移動する。

③　電子は電球中を亜鉛板から銅板に向かって流れる。

④　素焼き板のかわりに鉄板を用いると，電球は点灯しない。

⑤　硫酸銅(Ⅱ)水溶液の濃度を大きくすると，電球はより長い時間点灯する。

b　次の記述中の空欄（ ア ・ イ ）に当てはまる数値および語の組合せとして最も適当なものを，下の①～⑧のうちから一つ選べ。 2

　　一定時間放電させたところ，銅板の物質量が 2.00×10^{-3} mol 変化した。このときに回路を流れた電気量は ア C，亜鉛板の質量は イ した。

	ア	イ
①	1.9×10^2	65 mg 増加
②	1.9×10^2	65 mg 減少
③	1.9×10^2	130 mg 増加
④	1.9×10^2	130 mg 減少
⑤	3.9×10^2	65 mg 増加
⑥	3.9×10^2	65 mg 減少
⑦	3.9×10^2	130 mg 増加
⑧	3.9×10^2	130 mg 減少

問2　イオン化傾向と電池

　　図2に示すように，セロハン膜で仕切った容器の一方に金属ア
とその硝酸塩水溶液，他方に金属イとその硝酸塩水溶液を入れて，
豆ランプを点灯させた。金属イの質量が減少し，しかも起電力が
最も大きくなる金属の組合せを，下の①〜⑥のうちから一つ選べ。
ただし，硝酸塩水溶液の濃度はいずれも 1 mol/L である。

3

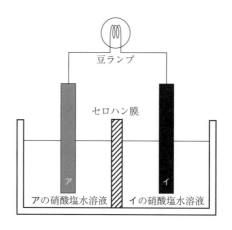

図　2

	ア	イ
①	鉄	亜　鉛
②	亜　鉛	鉄
③	亜　鉛	銅
④	銅	亜　鉛
⑤	亜　鉛	銀
⑥	銀	亜　鉛

問3　燃料電池

電解液にリン酸を用いた水素 – 酸素燃料電池を放電するとき，負極で消費した気体の標準状態における体積〔L〕と得られる電気量〔C〕の関係を示すグラフとして最も適当なものを，下の①～④のうちから一つ選べ。ただし，ファラデー定数 $= 9.65 \times 10^4$ C/mol とする。　4

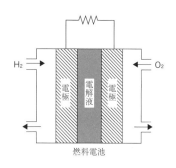

燃料電池

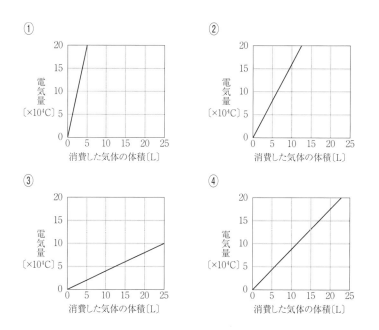

問4　鉛蓄電池

　図3は鉛蓄電池の模式図である。この鉛蓄電池に関する下の問い（**a・b**）に答えよ。ただし，ファラデー定数 = 9.65×10^4 C/mol，原子量は O = 16，S = 32 とする。

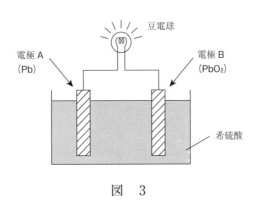

図　3

a　次の記述①〜⑤のうちから，**誤りを含むもの**を一つ選べ。

　　　5

① 電解液中の SO_4^{2-} の物質量は，放電中は減少するが，充電中は増加する。

② 両極の質量は，放電中は増加するが，充電中は減少する。

③ 水素は発生しないので，放電しても水素イオンの物質量は変わらない。

④ 鉛蓄電池を充電するときには，外部電源の負極を鉛蓄電池の負極に接続する。

⑤ 放電すると電解液の密度は減少する。

b この鉛蓄電池を，一定の電流で 9650 秒間放電させたところ，正極の質量が 6.4 g 増加した。流れた電流の値〔A〕として最も適当な値を，次の①～⑤のうちから一つ選べ。 6 A

① 0.50 ② 1.0 ③ 2.0 ④ 3.0 ⑤ 4.0

問5　水溶液の電気分解

図4に示す装置で，一定の電流を通じて電気分解を行った。これに関する下の問い（**a・b**）に答えよ。

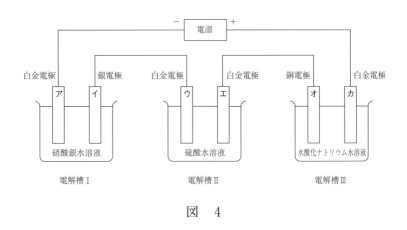

図　4

a　次の記述①～⑤のうちから，正しいものを一つ選べ。　7

①　電極に質量の変化が認められるのは，電極アと電極イのみである。

②　電極ウと電極オでは酸素が発生する。

③　電解槽Ⅰの銀イオンの濃度は大きくなる。

④　電解槽Ⅱの硫酸の濃度は小さくなる。

⑤　電解槽Ⅲの水酸化ナトリウム水溶液の濃度は小さくなる。

b 0.965 A の電流を 5 分間通じた。電解槽Ⅱ全体で発生した気体の物質量として最も適当な数値を，次の①～⑥のうちから一つ選べ。ただし，ファラデー定数＝$9.65×10^4$ C/mol とする。

8 mol

① $2.3×10^{-4}$　　② $4.5×10^{-4}$　　③ $9.0×10^{-4}$

④ $2.3×10^{-3}$　　⑤ $4.5×10^{-3}$　　⑥ $9.0×10^{-3}$

問6　ファラデーの法則

　　Q〔C〕の電気量を通じて電気分解を行ったところ，x 価の金属イオン M^{x+} が w〔g〕析出した。この金属の原子量を A とすると，ファラデー定数を与える式として正しいものを，次の①～⑥のうちから一つ選べ。 9

① $\dfrac{xAQ}{w}$　　　　② $\dfrac{wAQ}{x}$　　　　③ $\dfrac{xQ}{Aw}$

④ $\dfrac{Aw}{xQ}$　　　　⑤ $\dfrac{xw}{AQ}$　　　　⑥ $\dfrac{AQ}{xw}$

問7　イオン交換膜法

　図5は，イオン交換膜法による水酸化ナトリウムの工業的製法を模式的に示したものである。電極の間は，陽イオンだけを通過させる陽イオン交換膜で仕切られている。一定の電流を流したところ，水酸化ナトリウムが1.0g生じた。これに関する下の問い（**a**・**b**）に答えよ。

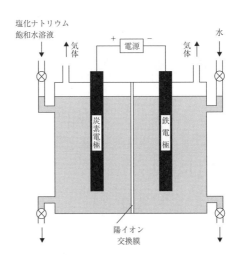

図　5

a　水酸化ナトリウムが生じた電極側と水素が発生した電極側の組合せとして正しいものを，次の①～④のうちから一つ選べ。

10

	水酸化ナトリウム	水　素
①	陽極側	陽極側
②	陽極側	陰極側
③	陰極側	陰極側
④	陰極側	陽極側

b 電気分解で流れた電気量は何クーロン〔C〕か。最も適当な数値を，次の①〜⑥のうちから一つ選べ。ただし，原子量は H = 1.0, O = 16, Na = 23, ファラデー定数 = 9.65×10^4 C/mol とする。 11 C

① 2.4×10^3 ② 4.8×10^3 ③ 9.6×10^3

④ 2.4×10^4 ⑤ 4.8×10^4 ⑥ 9.6×10^4

問8 電解精錬

粗銅から純銅を得るための電解精錬に関する記述として**誤りを含むもの**を，次の①〜④のうちから一つ選べ。ただし，不純物として銀と亜鉛のみを含むものとする。 12

① 純銅を陰極，粗銅を陽極とし，硫酸酸性の硫酸銅（Ⅱ）水溶液を電解液とする。

② 電気分解を行うと，不純物の亜鉛は溶液中にイオンとして存在し，銀は粗銅の下に単体として沈殿する。

③ 電気分解を行うと，陽極の電極の質量は減少し，陰極の電極の質量は増加する。

④ 電気分解を行っても，電解液中の銅（Ⅱ）イオンの物質量は変わらない。

第3問　反応速度と化学平衡

問1　活性化エネルギーと速度式

次の化学反応が進むときのエネルギー変化を図1に示す。

$$2\,HI \longrightarrow H_2 + I_2$$

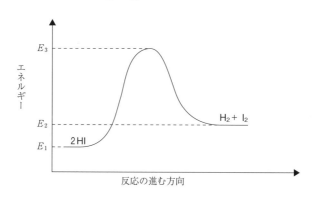

図　1

また，この反応の速さ v は，次の速度式で表される。

$$v = k[\mathrm{HI}]^2$$

これに関する次の記述①〜⑤のうちから，**誤りを含むもの**を一つ選べ。　1

①　この反応の活性化エネルギーは，$E_3 - E_1$ である。

②　この反応の反応エンタルピーは，$E_2 - E_1$ である。

③　ヨウ化水素の濃度の減少量から求めた速度は，水素の濃度の増加量から求めた速度の2倍となる。

④　k は反応速度定数とよばれ，温度が変化しても変わらない。

⑤　温度を変化させても，活性化エネルギーは変わらない。

問2　反応のしくみ

　反応の速さに関する次の記述として，下線部に**誤りを含むもの**を，次の①～⑤のうちから一つ選べ。　2

① 温度を上げると反応の速さが大きくなるのは，活性化エネルギーを超える高いエネルギーをもつ分子の割合が増えるためである。

② 可逆反応において，触媒の作用により正反応の速さは大きくなるが，逆反応の速さは変わらない。

③ 反応物質の濃度が高くなれば，反応物質の衝突回数が増加して反応の速さは大きくなる。

④ 触媒を用いると反応の速さが大きくなるのは，活性化エネルギーの小さい経路に変わるからである。

⑤ 可逆反応における見かけの反応の速さは，時間とともに減少し，平衡状態に達すると 0 になる。

問3　可逆反応と平衡状態

　質量数 1 と 2 からなる水素分子 H_2（$^1H\,^2H$）とヨウ素分子 I_2 を密閉容器に封入すると，次の反応によりヨウ化水素分子 HI が生じ，やがて平衡状態になる。平衡状態に達したとき，容器中に存在する質量の異なる分子は何種類か。最も適当な数値を，下の①～⑤のうちから一つ選べ。ただし，初めに封入したヨウ素分子は，質量の同じヨウ素原子のみからなるものとする。　3　種類

$$H_2 + I_2 \rightleftharpoons 2\,HI$$

① 3　　　② 4　　　③ 5　　　④ 6　　　⑤ 7

問4　化学平衡の法則

アンモニアは窒素と水素から，次の反応により合成される。

$$N_2 + 3H_2 \rightleftharpoons 2NH_3$$

10 L の容器に窒素 0.90 mol と水素 2.7 mol を封入し，温度 473 K に保ったところ，平衡に達したときのアンモニアの物質量は 1.2 mol であった。次の問い（**a** 〜 **c**）に答えよ。

a　平衡に達したときの水素の物質量として最も適当な値を，次の①〜⑤のうちから一つ選べ。　　4　mol

① 0.30　　② 0.90　　③ 1.5　　④ 1.8　　⑤ 2.1

b　473 K におけるこの反応の濃度平衡定数 K として最も適当な値を，次の①〜⑥のうちから一つ選べ。　5　$(L/mol)^2$

① 3.3　　　　　② 6.6　　　　　③ 3.3×10
④ 6.6×10　　⑤ 3.3×10^2　　⑥ 6.6×10^2

c　この反応の圧平衡定数 K_p を表す式として正しいものを，次の①〜⑥のうちから一つ選べ。ただし，平衡定数（濃度平衡定数）を K，気体定数を R〔Pa・L/（K・mol）〕，絶対温度を T〔K〕とする。　6　Pa^{-2}

① $\dfrac{K}{(RT)^3}$　　② $\dfrac{K}{(RT)^2}$　　③ $\dfrac{K}{RT}$

④ RTK　　⑤ $(RT)^2K$　　⑥ $(RT)^3K$

問5　ルシャトリエの原理

　　次の気相反応が図2のピストン付きの容器の中で平衡状態にある。なお，エンタルピー変化ΔHは正反応の値である。

$$N_2O_4(気) \rightleftharpoons 2\,NO_2(気) \qquad \Delta H = 57\ kJ$$

　　この反応の平衡移動に関する記述として，下線部が正しいものを，下の①〜⑤のうちから一つ選べ。　7

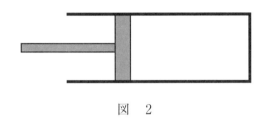

図　2

①　温度を一定に保ってピストンを押して体積を小さくすると，NO_2の物質量は減少するが，濃度は大きくなる。

②　容器内の圧力は一定にして温度を上げると，N_2O_4の物質量は増加する。

③　温度と体積を一定に保ってNO_2を加えると，NO_2の分圧は減少する。

④　温度と体積を一定に保ってヘリウムを加えると，容器内の圧力は大きくなり，NO_2の物質量は減少する。

⑤　温度と容器内の圧力を一定に保ってヘリウムを加えると，N_2O_4の物質量は増加する。

問6　アンモニアの工業的製法

　　肥料の原料となるアンモニアの工業的製法は，ハーバー・ボッシュ法とよばれ，次式の反応によりアンモニアが生成する。なお，エンタルピー変化 ΔH は正反応の値である。

$$N_2(気) + 3\,H_2(気) \rightleftharpoons 2\,NH_3(気) \qquad \Delta H = -92\,\text{kJ}$$

　　窒素と水素を物質量の比 $1:3$（$N_2:H_2 = 1:3$）の混合気体を，鉄触媒の存在下で圧力と温度を一定に保って反応させると，時間とともにアンモニアの生成量が増加し，やがて平衡に達する。反応が始まってから平衡に達するまでの，アンモニアの生成量の時間変化を次の図3の破線③で示す。これに関する下の問い（**a**・**b**）に答えよ。

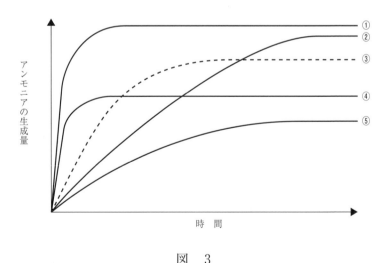

図　3

a 他の条件は同じにして温度を低くすると，アンモニアの生成量の時間変化を表すグラフはどのようになるか。図3の①～⑤のうちから一つ選べ。 ⑧

b 他の条件は同じにして圧力を高くすると，アンモニアの生成量の時間変化を表すグラフはどのようになるか。図3の①～⑤のうちから一つ選べ。 ⑨

問7 水溶液の pH

次の **a** ～ **d** の各水溶液の pH を，それぞれの解答群の①～⑤のうちから一つずつ選べ。ただし，$\log_{10} 2 = 0.30$，$\log_{10} 3 = 0.48$，酢酸の電離定数 $K_a = 3.0 \times 10^{-5}$ mol/L，水のイオン積 $K_w = 1.0 \times 10^{-14}$ (mol/L)^2 とする。

a 0.10 mol/L の塩酸を 10 倍に希釈した水溶液。 | 10 |

① 1.0 ② 2.0 ③ 3.0 ④ 4.0 ⑤ 5.0

b 1.0×10^{-8} mol/L の塩酸。 | 11 |

① 5.0 ② 6.0 ③ 7.0 ④ 8.0 ⑤ 9.0

c 0.10 mol/L の酢酸水溶液。ただし，電離度は 1 に比べて十分小さいものとする。 | 12 |

① 1.0 ② 1.5 ③ 2.0 ④ 2.8 ⑤ 3.8

d 0.10 mol/L の酢酸水溶液を 10 倍に希釈した水溶液。ただし，電離度は 1 に比べて十分小さいものとする。 | 13 |

① 2.0 ② 2.8 ③ 3.3 ④ 3.8 ⑤ 4.8

問8　酸，塩基，塩の水溶液

　　アンモニアと塩化アンモニウムの水溶液に関する記述として，下線部に**誤りを含むもの**を，次の①〜⑤のうちから一つ選べ。 14

① 　アンモニアと塩化アンモニウムの混合水溶液に少量の水酸化ナトリウムを加えても，pHはほとんど変化しない。これは<u>この混合水溶液に緩衝作用があるため</u>である。

② 　アンモニア水にフェノールフタレインを加えると赤色を示し，さらにこの水溶液に塩化アンモニウムの結晶を加えると赤色が薄くなる。この現象は<u>共通イオン効果で説明することができる</u>。

③ 　塩化アンモニウムの水溶液は酸性を示す。これは<u>アンモニウムイオンが水と反応してオキソニウムイオンを生じるからである</u>。

④ 　塩化アンモニウムの水溶液に水酸化ナトリウムを加えるとアンモニアが発生する。これは，<u>アンモニウムイオンが酸としてはたらく反応が起こるため</u>である。

⑤ 　一定温度において，アンモニア水を希釈すると電離度は大きくなる。これは，<u>希釈するとアンモニアの塩基の電離定数が小さくなるため</u>である。

問9　溶解度積

クロム酸銀 Ag_2CrO_4 や塩化銀 AgCl は水に難容性の塩である。これに関する次の問い（**a** ～ **c**）に答えよ。ただし，25℃におけるクロム酸銀の溶解度積は $8.0 \times 10^{-12} (mol/L)^3$，塩化銀の溶解度積は $2.0 \times 10^{-10} (mol/L)^2$ とし，必要ならば，$\sqrt{2} = 1.4$，$\sqrt[3]{2} = 1.3$ を用いよ。

a 25℃におけるクロム酸銀の飽和溶液のモル濃度（mol/L）として最も適当な値を，次の①～⑥のうちから一つ選べ。
　 15 　mol/L

①　1.0×10^{-6} 　　②　1.4×10^{-6} 　　③　1.7×10^{-6}

④　1.3×10^{-4} 　　⑤　1.6×10^{-4} 　　⑥　2.0×10^{-4}

b 2.0×10^{-6} mol/L の塩化ナトリウム水溶液 100 mL と 2.0×10^{-4} mol/L の硝酸銀水溶液 100 mL を混合した。生じた混合水溶液中の銀イオンの濃度（mol/L）として最も適当な値を，次の①～⑥のうちから一つ選べ。 16 　mol/L

①　1.0×10^{-4} 　　②　1.4×10^{-4} 　　③　1.7×10^{-4}

④　1.3×10^{-3} 　　⑤　1.6×10^{-3} 　　⑥　2.0×10^{-3}

c 2.0×10^{-4} mol/L の塩化ナトリウム水溶液 100 mL と 2.0×10^{-4} mol/L の硝酸銀水溶液 100 mL を混合した。生じた混合水溶液中の銀イオンの濃度(mol/L)として最も適当な値を，次の①〜⑥のうちから一つ選べ。 17 mol/L

① 1.0×10^{-5} ② 1.4×10^{-5} ③ 1.7×10^{-5}

④ 1.3×10^{-4} ⑤ 1.6×10^{-4} ⑥ 2.0×10^{-4}

第3章

無機物質

物質の分類と性質
第1問　酸化物

次の各問い(問1・問2)に答えよ。

問1　次の記述①〜⑦のうちから，**誤りを含むもの**を二つ選べ。

| 1 | . | 2 |

① 　二酸化炭素や二酸化硫黄を水に溶かすとオキソ酸が生じて，水溶液は酸性を示す。

② 　酸化ナトリウムや酸化カルシウムを水に溶かすと水酸化物が生じて，水溶液は塩基性を示す。

③ 　リン酸，硫酸，硝酸および塩酸はオキソ酸に分類され，それらの水溶液は酸性を示す。

④ 　酸化カリウムや酸化鉄(Ⅲ)は水によく溶け，それらの水溶液は強い塩基性を示す。

⑤ 　酸化ナトリウムや酸化銅(Ⅱ)は希硫酸や希塩酸と反応して溶解する。

⑥ 　二酸化炭素や二酸化硫黄は水酸化ナトリウム水溶液と反応して溶解する。

⑦ 　酸化アルミニウムや酸化亜鉛は，希硫酸とも水酸化ナトリウム水溶液とも反応して溶解する。

問2　次の記述(1)〜(5)に該当する酸化物を，下の解答群の①〜⑥のうちから一つずつ選べ。

(1)　水によく溶けてその水溶液は強い塩基性を示す。　3

(2)　希塩酸と反応するが，水酸化ナトリウム水溶液とは反応しない。また，水にはほとんど溶けない。　4

(3)　水によく溶けてその水溶液は酸性を示す。　5

(4)　水酸化ナトリウムの固体と加熱融解すると反応するが，塩酸とは反応しない。常温で固体である。　6

(5)　希塩酸とも，濃厚な水酸化ナトリウムとも反応する。水にはほとんど溶けない。　7

〔解答群〕
① 酸化バリウム　　　　② 酸化銅(Ⅱ)
③ 酸化アルミニウム　　④ 二酸化窒素
⑤ 一酸化炭素　　　　　⑥ 二酸化ケイ素

第2問　元素と単体

次の各問い（問1・問2）に答えよ。

問1　遷移元素に関する記述として正しいものを，次の①～⑤のうちから一つ選べ。　1

① すべての遷移元素は，周期表の11族～17族のいずれかに属する。

② 遷移元素は，いずれも金属元素である。

③ 鉄，鉛，銅は，いずれも遷移元素である。

④ 遷移元素を含む化合物は，いずれも無色である。

⑤ いずれの遷移元素も，化合物中の原子の酸化数は+4以上にはならない。

問2　常温，常圧で，単体がいずれも固体である元素の組合せを，次の①～⑤のうちから一つ選べ。　2

① C, N, O

② Cl, Br, I

③ Li, Mg, Hg

④ Ne, Ar, Kr

⑤ Si, P, S

第3問　塩

次の各問い（問1・問2）に答えよ。

問1　次の①～⑤のうちから，塩に該当する物質だけの組合せを一つ選べ。　□1□

① 水酸化ナトリウム，塩化ナトリウム

② 酢酸ナトリウム，塩化アンモニウム

③ 酸化ナトリウム，塩化アルミニウム

④ 酸化カルシウム，二酸化炭素

⑤ 三酸化硫黄，硫酸ナトリウム

問2　次の①～⑤の操作のうちから，化学反応が起こらないものを一つ選べ。　□2□

① 硝酸ナトリウムに希塩酸を加える。

② 炭酸水素ナトリウムに酢酸を加える。

③ 塩化アンモニウムに水酸化ナトリウム水溶液を加える。

④ 亜硫酸水素ナトリウムに希硫酸を加える。

⑤ 酢酸ナトリウムに希塩酸を加える。

第4問 酸と塩基

次の各問い(問1・問2)に答えよ。

問1 次の①〜⑤のうちから,常温・常圧において固体であるものの組合せを一つ選べ。 1

① 塩化水素,二酸化炭素

② アンモニア,酸化アルミニウム

③ 水酸化カリウム,二酸化窒素

④ シュウ酸,十酸化四リン

⑤ 酢酸,二酸化ケイ素

問2 次の①〜⑤のうちから,水に溶かしたときにその水溶液が酸性を示すものの組合せを一つ選べ。 2

① 二酸化炭素,酢酸ナトリウム,シュウ酸

② 酸化ナトリウム,塩化アンモニウム,塩化水素

③ 二酸化ケイ素,炭酸水素ナトリウム,酢酸

④ 酸化鉄(Ⅲ),塩化アルミニウム,アンモニア

⑤ 二酸化硫黄,塩化アンモニウム,酢酸

第5問　酸化剤と還元剤

　次の各問い（問1・問2）に答えよ。

問1　次の①～⑤のうちから，過マンガン酸カリウムにより酸化され
　　ないものを一つ選べ。　| 1 |

　　①　塩化水素　　　　　②　硫酸　　　　　　③　シュウ酸

　　④　二酸化硫黄　　　　⑤　硫化水素

問2　次の記述のア～エにあてはまる語句の組合せとして正しいもの
　　を，下の①～④のうちから一つ選べ。　| 2 |

　　　過酸化水素は，過マンガン酸カリウムに対しては（　ア　）と
　　して作用するが，ヨウ化カリウムに対しては（　イ　）として作
　　用する。一方，二酸化硫黄は，過酸化水素に対しては（　ウ　）
　　として作用するが，硫化水素に対しては（　エ　）として作用す
　　る。

	（　ア　）	（　イ　）	（　ウ　）	（　エ　）
①	酸化剤	還元剤	酸化剤	還元剤
②	酸化剤	還元剤	還元剤	酸化剤
③	還元剤	酸化剤	酸化剤	還元剤
④	還元剤	酸化剤	還元剤	酸化剤

非金属元素の物質
第1問　塩素

　次の図は，乾燥した塩素ガスの発生・捕集装置を示したものである。これに関して，下の各問い（問1～問5）に答えよ。

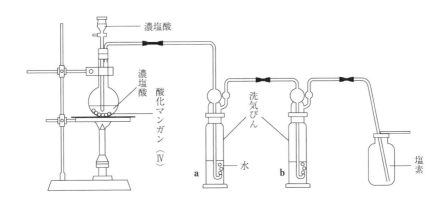

問1　酸化マンガン（Ⅳ）の役割を，次の①～④のうちから一つ選べ。

　　　1

　　① 触媒　　　　② 酸化剤　　　③ 還元剤　　　④ 脱水剤

問2　図中 **a** の水は何のために入れてあるか。次の①～⑥のうちから最も適当なものを一つ選べ。　　2

　　① 発生した塩素に含まれる塩化水素を除くため。
　　② 発生した塩素に含まれる酸素を除くため。
　　③ 発生した塩素に含まれる水素を除くため。
　　④ 発生した塩素に含まれる水蒸気を除くため。
　　⑤ 発生した塩素を冷却するため。
　　⑥ 丸底フラスコへ **b** の物質が逆流するのを防ぐため。

問3 図中 **b** に入れる適当な物質を，次の①～④のうちから一つ選べ。
　　 3

　　① 水酸化ナトリウム水溶液　　② 濃硝酸
　　③ 濃硫酸　　　　　　　　　　④ ソーダ石灰

問4 発生した気体の性質として**誤りを含むもの**を，次の①～④のうちから一つ選べ。 4

　　① 湿った青色リトマス試験紙を漂白する。
　　② その水溶液は酸性を示し，殺菌作用がある。
　　③ 湿ったヨウ化カリウムデンプン紙を青変する。
　　④ 還元作用があり，二酸化硫黄を還元して硫黄を析出させる。

問5 塩素を発生させる別の操作として最も適当なものを，次の①～⑤のうちから一つ選べ。 5

　　① 塩化ナトリウムに濃硫酸を加えて加熱する。
　　② 蛍石に濃硫酸を加えて加熱する。
　　③ 塩酸に水酸化ナトリウム水溶液を加える。
　　④ 塩素酸カリウムに酸化マンガン(Ⅳ)を加えて加熱する。
　　⑤ 高度さらし粉に塩酸を加える。

第2問　ハロゲン

次の文中の　1　～　11　に当てはまる最も適当なものを，下の
それぞれの解答群のうちから一つずつ選べ。ただし，同じものを繰り
返し選んでもよい。

塩素，臭素，フッ素，ヨウ素のハロゲンの単体のうち，常温・常圧
において気体は　1　と　2　，液体は　3　，固体は　4　であ
る。それぞれの単体は有色であり，塩素は　5　色，臭素は　6
色，ヨウ素は　7　色である。また，これらの単体のうちで最も反応
性が激しいものは　8　である。

フッ素，塩素，臭素，ヨウ素の水素化物のうち，沸点が最も高いも
のは　9　である。また，それらの水溶液のうち，弱酸性を示すもの
は　10　だけであり，他の水素化物の水溶液は強酸性を示す。なお，
11　の水溶液はガラスを侵すので，ポリエチレン製の容器に保存し
なければならない。

　1　～　4　，　8　の解答群
① Cl_2　　　② Br_2　　　③ F_2　　　④ I_2

　5　～　7　の解答群
① 青　　　② 赤褐　　　③ 黄緑　　　④ 黒紫

　9　～　11　の解答群
① HF　　　② HCl　　　③ HBr　　　④ HI

第3問　酸素

次の文中の　1　～　9　に当てはまる最も適当なものを，下の
それぞれの解答群のうちから一つずつ選べ。ただし，同じものを繰り
返し選んでもよい。

酸素は地殻中に最も多く存在する元素であり，単体である酸素は空
気の体積の約20％を占める。また，酸素の単体にはオゾンもあり，オ
ゾンと酸素は互いに　1　の関係にある。実験室で酸素を発生させ
るには，酸化マンガン(Ⅳ)を　2　にして，過酸化水素や塩素酸カリ
ウムを分解する。オゾンは，酸素に強い紫外線を照射すると生じる。
酸素は高温下で強い　3　作用を示し，オゾンは常温の下でも強い
4　作用を示す。

過酸化水素の酸素原子の酸化数は　5　であり，通常，過酸化水素
は　6　剤として働いて　7　に変化するが，過マンガン酸カリウ
ムのような物質に対しては　8　剤として働いて　9　に変化する。

　1　～　4　および　6　，　8　の解答群
① 同素体　　② 同位体　　③ 同族体　　④ 触媒
⑤ 酸　　　　⑥ 塩基　　　⑦ 酸化　　　⑧ 還元

　5　の解答群
① -2　　② -1　　③ 0　　④ $+1$　　⑤ $+2$

　7　と　9　の解答群
① H_2O_2　　② O_2　　③ O_3　　④ H_2O

第4問 硫黄

硫黄化合物の性質に関する次の各問い(問1・問2)に答えよ。

問1 硫酸の性質に関する次の記述①〜⑥のうちから,**誤りを含むも**の**を一つ選べ。** 1

① 濃硫酸に銅を入れて加熱すると,二酸化硫黄が発生する。

② 硫化鉄(Ⅱ)に希硫酸を加えると,硫化水素が発生する。

③ 砂糖に濃硫酸を加えると,砂糖は炭化する。

④ 濃硫酸から希硫酸をつくるときには,濃硫酸に水を加えて希釈する。

⑤ 固体の塩化ナトリウムに濃硫酸を加えて加熱すると,塩化水素が発生する。

⑥ 硫酸を工業的につくるには,硫黄や硫化物を酸化して二酸化硫黄とし,これを酸化バナジウム(Ⅴ)を触媒として空気で酸化して三酸化硫黄とした後,水と反応させて硫酸とする。

問2 二酸化硫黄の性質に関する次の記述①〜⑤のうちから,**誤りを含むものを一つ選べ。** 2

① 水に溶かすと,亜硫酸が生じて酸性となる。

② 過酸化水素水に通じると,硫黄が析出する。

③ 硫化水素水に通じると,白濁する。

④ 湿った花びらに接触させると,花びらを脱色する。

⑤ 無色で刺激臭をもつ気体である。

第5問 リン

次の文中の 1 ～ 5 に当てはまる最も適当なものを，下の
それぞれの解答群のうちから一つずつ選べ。ただし，同じものを繰り
返し選んでもよい。

リンは，天然には単体としては存在しないが，地殻中や動物の骨な
どには 1 などの塩として存在する。

リンの単体には，黄リンや赤リンなどの同素体がある。このうち，
空気中で自然発火するので，水中に保存しなければならないものは
2 である。

リンの酸化物である 3 は吸湿性が強く，潮解性があり，気体の
乾燥剤として用いられる。この酸化物を水に加えて加熱すると，3価
の酸である 4 が生じる。

リン酸二水素カルシウムと硫酸カルシウムの混合物は，過リン酸石
灰と呼ばれ， 5 に使われている。

1 , 3 , 4 の解答群

① Na_3PO_4　　② $Ca_3(PO_4)_2$　　③ Na_2HPO_4

④ $Ca(H_2PO_4)_2$　　⑤ PH_3　　⑥ P_2O_3

⑦ P_4O_{10}　　⑧ PO　　⑨ H_3PO_4

2 と 5 の解答群

① 赤リン　　② 黄リン　　③ 脱水剤

④ 肥料　　⑤ 触媒

第6問 窒素

次の文中の 1 ～ 12 に当てはまる最も適当なものを，それぞれの解答群のうちから一つずつ選べ。ただし，同じものを繰り返し選んでもよい。

次の装置 **a** で発生・捕集される気体は 1 である。このとき，希硝酸は酸化剤として働き，窒素原子の酸化数は 2 から 3 に減少している。発生した気体は，空気に接すると直ちに 4 色の 5 に変化する。

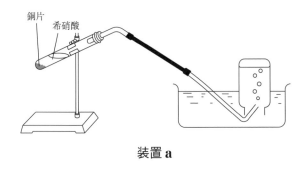

銅片　希硝酸

装置 **a**

次頁の装置 **b** で発生・捕集される気体は 6 である。この気体は水に溶けやすく，その水溶液は 7 を示す。この気体に濃塩酸をつけたガラス棒を近づけると， 8 色の煙を生じる。

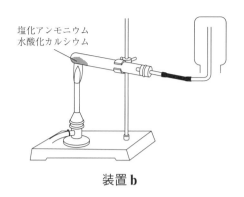

塩化アンモニウム
水酸化カルシウム

装置 **b**

白金を触媒として，アンモニアを高温で酸素と反応させると | 9 | が生じる。生じた気体をさらに酸化すると | 10 | となり，これを温水に溶かすと硝酸が生じる。アンモニアから硝酸を工業的に合成するこの方法はオストワルト法と呼ばれており，アンモニアから硝酸への変化において，窒素原子の酸化数は | 11 | から | 12 | に増加している。

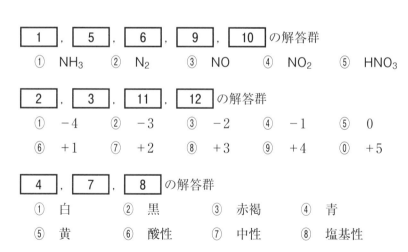

| 1 |, | 5 |, | 6 |, | 9 |, | 10 | の解答群

① NH_3 ② N_2 ③ NO ④ NO_2 ⑤ HNO_3

| 2 |, | 3 |, | 11 |, | 12 | の解答群

① -4 ② -3 ③ -2 ④ -1 ⑤ 0

⑥ $+1$ ⑦ $+2$ ⑧ $+3$ ⑨ $+4$ ⓪ $+5$

| 4 |, | 7 |, | 8 | の解答群

① 白   ② 黒   ③ 赤褐   ④ 青

⑤ 黄   ⑥ 酸性   ⑦ 中性   ⑧ 塩基性

第7問 炭素とケイ素

次の文中の　1　～　8　に当てはまるものを，下の解答群のうちから一つずつ選べ。

炭素とケイ素はいずれも周期表14族の典型元素で，価電子を4個もち，共有結合性の化合物をつくりやすい。炭素の単体には，　1　や　2　などの同素体があり，前者は非常に硬い結晶であり，後者は電気をよく導く結晶で，はがれやすい性質をもつ。炭素が燃焼すると2種類の酸化物を生じ，このうち　3　は水に溶けて酸性を示し，その結晶である　4　は分子結晶に分類される。もう一つの炭素の酸化物　5　は高温で還元力を示すため，製鉄における溶鉱炉内の反応の還元剤として利用されている。ケイ素は天然には酸化物あるいはケイ酸塩として産出する。水晶の主成分は　6　であり，共有結合により結晶が構成されている。　6　を高温で水酸化ナトリウムとともに融解すると，ケイ酸ナトリウムを生じ，これに水を加えて熱すると粘性のある水溶液になる。これを　7　という。　7　の水溶液に塩酸を加え，生じた白色ゲルを加熱して乾燥させると，多孔質の固体で吸着剤や乾燥剤として利用されている　8　が得られる。

〔解答群〕

① 一酸化炭素　　② シリカゲル　　③ 二酸化炭素

④ ダイヤモンド　⑤ ドライアイス　⑥ 黒鉛

⑦ 二酸化ケイ素　⑧ 水ガラス　　⑨ 炭化ケイ素

第**8**問　気体の発生装置

　次の(1)～(3)の方法で気体を発生させるとき，それぞれの操作におい
て最も適当な発生装置を，下の①～⑤のうちから一つずつ選べ。

(1)　塩素酸カリウムと酸化マンガン(IV)により酸素を発生させる。
　　　　1

(2)　キップの装置を用いて，硫化鉄(II)と希硫酸により硫化水素を
　　発生させる。　2

(3)　亜硫酸水素ナトリウムと希硫酸により二酸化硫黄を発生させる。
　　　　3

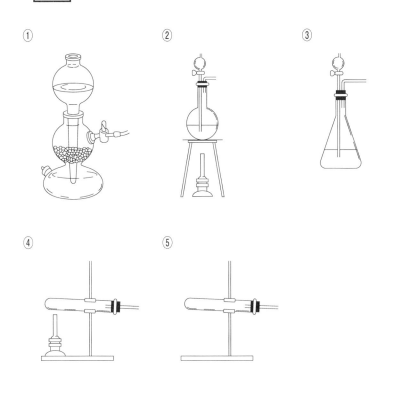

第9問　気体の発生と性質

　次の記述(1)〜(5)は，水蒸気を除いた気体の発生反応に関する記述である。これに関して下の各問い(問1〜問4)に答えよ。

(1)　炭酸カルシウムに塩酸を加えると，気体Aが発生する。

(2)　濃硝酸に銅を加えると，気体Bが発生する。

(3)　硫化鉄(Ⅱ)に希硫酸を加えると，気体Cが発生する。

(4)　固体の塩化ナトリウムに濃硫酸を加えて加熱すると，気体Dが発生する。

(5)　過酸化水素水に酸化マンガン(Ⅳ)を加えると，気体Eが発生する。

問1　気体A〜Eに該当するものを，次の①〜⑧のうちから一つずつ選べ。A　1 　，B　2 　，C　3 　，D　4 　，E　5

① HCl 　　② Cl_2 　　③ H_2S 　　④ SO_2

⑤ CO_2 　　⑥ NO_2 　　⑦ O_2 　　⑧ H_2

問2　酸化還元反応によって発生している気体だけを選んだ組み合わせを，次の①〜⑧のうちから一つ選べ。　6

① AとB　　② AとC　　③ BとC　　④ BとD

⑤ BとE　　⑥ CとD　　⑦ CとE　　⑧ DとE

問3　乾燥剤として生石灰が使用できる気体を，次の①〜⑤のうちから一つ選べ。　7

① A　　② B　　③ C　　④ D　　⑤ E

問4　次の**a**～**d**の性質を示す気体を，下の①～⑤のうちから一つず
つ選べ。

a　刺激臭があり，赤褐色の気体である。　8

b　腐卵臭があり，硫酸銅（Ⅱ）水溶液に通じると黒色の沈殿が生
じる。　9

c　石灰水に通じると，はじめは白色の沈殿を生じるが，さらに
通じると生じた沈殿が溶解する。　10

d　非常に水によく溶ける無色の気体で，濃アンモニア水を近づ
けると白煙を生じる。　11

①　A　　　②　B　　　③　C　　　④　D　　　⑤　E

金属元素の物質
第1問　金属の単体

次の □1□ ～ □5□ の記述に該当する金属の単体を，下の解答群のうちから一つずつ選べ。

□1□　水酸化ナトリウム水溶液や希硫酸と反応して水素を発生するが，濃硝酸とは反応しない。

□2□　常温の水と反応して水素を発生する。

□3□　硝酸や希硫酸とは反応しないが，王水と反応する。

□4□　希塩酸とは反応しないが，濃硝酸と反応して二酸化窒素を発生する。

□5□　濃硝酸や水酸化ナトリウム水溶液とは反応しないが，希硫酸とは反応して水素を発生する。

〔解答群〕

① Fe   ② Mg   ③ Ca   ④ Cu

⑤ Pt   ⑥ Al   ⑦ Zn

第2問　金属イオンの検出

次の(1)～(6)の記述に該当する金属イオンを，下の解答群のうちからそれぞれ一つずつ選べ。

(1)　塩化ナトリウム水溶液を加えると白色の沈殿を生じるが，生じたこの沈殿に熱水を加えると溶解する。　| 1 |

(2)　水酸化ナトリウム水溶液を加えると沈殿を生じるが，過剰に加えると生じた沈殿は溶解する。また，アンモニア水を加えると沈殿を生じるが，過剰に加えると生じた沈殿は溶解する。| 2 |

(3)　塩酸を加えても沈殿を生じないが，希硫酸や炭酸アンモニウム水溶液を加えると白色の沈殿を生じる。　| 3 |

(4)　水酸化ナトリウム水溶液を加えると青白色の沈殿を生じる。生じたこの沈殿に過剰のアンモニア水を加えると，沈殿は溶解して深青色の溶液となる。　| 4 |

(5)　水酸化ナトリウム水溶液を加えても沈殿を生じない。このイオンを含む水溶液を白金線につけて，バーナーの外炎中で加熱すると赤紫色を呈する。　| 5 |

(6)　水酸化ナトリウム水溶液を加えると赤褐色の沈殿を生じる。この沈殿に塩酸を加えると溶解して黄褐色の水溶液となる。　| 6 |

〔解答群〕
　① K^+　　② Pb^{2+}　　③ Al^{3+}　　④ Ag^+　　⑤ Ba^{2+}
　⑥ Cu^{2+}　　⑦ Na^+　　⑧ Fe^{3+}　　⑨ Zn^{2+}

第3問 イオンの系統分離

Ag$^+$，Fe^{3+}，Zn^{2+}，Pb^{2+}，Al^{3+}，Cu^{2+} の混合水溶液がある。これらの金属イオンを分離するために，次の図に示すような操作を行った。

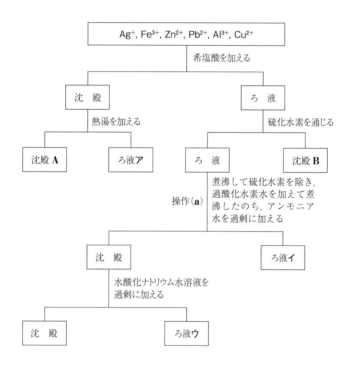

問1 沈殿**A**・**B**の化学式に該当するものを，下の①〜⑨のうちからそれぞれ一つずつ選べ。

沈殿**A** ⬚ 1 ⬚，沈殿**B** ⬚ 2 ⬚

① Ag$_2$S   ② ZnS   ③ CuS   ④ Cu(OH)$_2$

⑤ Fe(OH)$_2$ ⑥ Al(OH)$_3$ ⑦ AgCl   ⑧ PbCl$_2$

⑨ ZnCl$_2$

問2　ろ液ア〜ウに存在する金属イオンの化学式を，下の①〜⑨のうちからそれぞれ一つずつ選べ。

　　　ろ液ア　3　，ろ液イ　4　，ろ液ウ　5

①　Ag^+　　　　　　②　Zn^{2+}　　　　　　③　Pb^{2+}

④　$[Ag(NH_3)_2]^+$　　⑤　$[Cu(NH_3)_4]^{2+}$　　⑥　$[Zn(NH_3)_4]^{2+}$

⑦　$[Al(OH)_4]^-$　　⑧　$[Zn(OH)_4]^{2-}$　　⑨　$[Pb(OH)_4]^{2-}$

問3　操作(a)において，過酸化水素水を加えるのはなぜか。次の①〜⑤のうちから最も適当なものを一つ選べ。　6

①　Fe^{2+} を酸化して Fe^{3+} にするため。

②　Fe^{3+} を還元して Fe^{2+} にするため。

③　H_2S を除去するため。

④　溶液を中和して中性にするため。

⑤　Ag^+ が感光するのを防ぐため。

第4問 アルカリ金属とアルカリ土類金属

次の問い(問1〜問3)に答えよ。

問1 炭酸ナトリウム Na_2CO_3 と炭酸水素ナトリウム $NaHCO_3$ に関する記述として**誤っているもの**を,次の①〜⑤のうちから一つ選べ。 1

① $NaHCO_3$ は Na_2CO_3 に比べて水に溶けにくい。

② $NaHCO_3$ を加熱すると,気体を発生して Na_2CO_3 に変化する。

③ Na_2CO_3 水溶液に $CaCl_2$ 水溶液を加えると,白色沈殿が生じる。

④ Na_2CO_3 水溶液はアルカリ性を示すが,$NaHCO_3$ 水溶液は弱い酸性を示す。

⑤ いずれも塩酸と反応して気体を発生する。

問2 アルカリ土類金属に関する次の記述①〜⑤のうちから,**誤りを含むもの**を一つ選べ。 2

① Be,Mg は炎色反応を示さないが,Ca,Sr,Ba は炎色反応を示す。

② Mg,Ca,Sr,Ba の単体はいずれも常温の水とは反応しない。

③ Mg,Ca,Sr,Ba の酸化物に塩酸を加えると,いずれも溶解する。

④ Mg の水酸化物は水に溶けにくいが,Ca,Sr,Ba の水酸化物は水に溶けると強い塩基性を示す。

⑤ アルカリ土類金属元素の炭酸塩は,いずれも水に溶けにくい。

問3 水溶液中における硫酸銀と塩化バリウムとの反応は，次式で表される。

$$Ag_2SO_4 + BaCl_2 \longrightarrow 2AgCl + BaSO_4$$

右の図1に示す装置を用いて，硫酸銀水溶液に塩化バリウム水溶液を滴下し，滴下量と溶液に流れる電流との関係を調べると，この反応による溶液中のイオン濃度の変化の様子を知ることができる。いま，ビーカーに0.010 mol/L

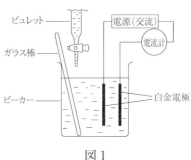

図1

の硫酸銀水溶液を100 mL とり，ビュレットに入れた0.50 mol/Lの塩化バリウム水溶液を少しずつ加え，ガラス棒でよくかき混ぜて，両極間に流れる電流を測定した。塩化バリウム水溶液の滴下量と電流との関係を最もよく表しているグラフを，次の①〜④のうちから一つ選べ。 3

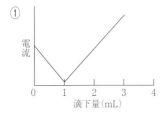

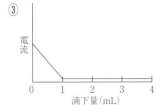

第5問　アンモニアソーダ法

次の文と反応経路図中の　1　～　5　に該当する適当な物質を，下の解答群のうちからそれぞれ一つずつ選べ。

飽和の塩化ナトリウム水溶液にアンモニアを溶かしたのち，石灰岩を加熱して生じた気体　1　を通じると，化合物　2　が沈殿してくる。ろ過して得た沈殿　2　を加熱すると，化合物　3　が得られる。このときのろ液中に，化合物　5　を加えるとアンモニアが回収できるので，原料として繰り返し用いることができる。化合物　5　は，石灰岩を加熱すると気体　1　とともに生じる化合物　4　に，水を作用させると得られる。塩化ナトリウムと石灰岩から化合物　3　をつくる上記の工業的な製法を，アンモニアソーダ法という。

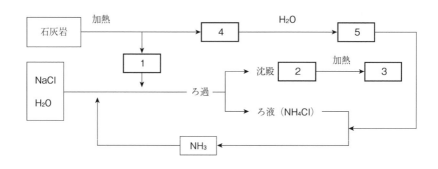

〔解答群〕

① CaO　　② Ca(OH)$_2$　③ CaCO$_3$　④ CaCl$_2$

⑤ NaOH　　⑥ NaHCO$_3$　⑦ Na$_2$CO$_3$　⑧ (NH$_4$)$_2$CO$_3$

⑨ CO$_2$　　⑩ CO

第6問 石灰石の反応

次の図は，石灰石を原料としたカルシウム化合物の反応経路図を示したものである。 1 ～ 3 の化合物に関する記述として最も適当なものを，下の①～⑤のうちからそれぞれ一つずつ選べ。

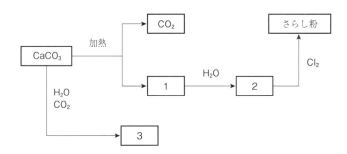

① 酸化・漂白作用がある。

② 生石灰とも呼ばれ，水を加えると大きな発熱を伴うので注意を要する。

③ 石灰岩地帯において鍾乳洞ができるときの反応で，水溶液として得られる。

④ 二水和物はセッコウとして天然に産出する。

⑤ 消石灰ともよばれ，その水溶液は石灰水という。

第7問　アルミニウム

次の各問い(問1～問4)に答えよ。だだし，原子量は O = 16，Al = 27とする。

問1　アルミニウムの単体の工業的製法として，最も適当なものを次の①～④のうちから一つ選べ。　| 1 |

① ボーキサイトに濃水酸化ナトリウム水溶液を加えて溶かしたのち，水で希釈するとアルミニウムが生じる。

② 酸化アルミニウムにコークスを加えて強熱すると，アルミニウムが生じる。

③ 酸化アルミニウムを濃水酸化ナトリウム水溶液に溶かしたのち，その水溶液を電気分解すると陰極にアルミニウムが生じる。

④ 酸化アルミニウムの固体を融解したのち電気分解すると，陰極にアルミニウムが生じる。

問2　次の①～④の記述のうちから，**誤りを含むもの**を一つ選べ。
| 2 |

① アルミニウムの単体は，濃硝酸とほとんど反応しない。

② 酸化アルミニウム Al_2O_3 は，希塩酸にも水酸化ナトリウム水溶液にも溶解する。

③ アルミニウムイオンを含む水溶液に過剰のアンモニア水を加えると，錯イオン $[Al(NH_3)_4]^{3+}$ を形成するため沈殿は生じない。

④ ルビーやサファイアの主成分は酸化アルミニウムである。

問3 アルミニウムの小片を水酸化ナトリウム水溶液に入れて加熱したところ, アルミニウムが完全に溶けて水素 0.15 mol が発生した。この小片と同じ質量のアルミニウムを酸素中で加熱して完全に反応させたとき, 得られる酸化アルミニウムの質量は何 g か。最も適当な数値を, 次の①～⑥のうちから一つ選べ。 | 3 | g

① 0.26   ② 0.51   ③ 1.0

④ 2.6   ⑤ 5.1   ⑥ 10

問4 ミョウバン $AlK(SO_4)_2 \cdot 12H_2O$ の水溶液に関する次の記述 **a** ～ **c** について, 正誤の組合せとして正しいものを, 下の①～⑧のうちから一つ選べ。 | 4 |

a 弱塩基性を示す。

b 酢酸鉛(Ⅱ)水溶液を加えると, 黒色沈殿を生じる。

c アンモニア水を加えると, 白色ゲル状沈殿を生じる。

	a	**b**	**c**
①	正	正	正
②	正	正	誤
③	正	誤	正
④	正	誤	誤
⑤	誤	正	正
⑥	誤	正	誤
⑦	誤	誤	正
⑧	誤	誤	誤

第8問　亜鉛，スズ，鉛

　次の各問い（問1・問2）に答えよ。

問1　次の記述①～⑤は，ある金属について述べたものである。これらのうちから，亜鉛，スズおよび鉛に関する記述をそれぞれについて一つずつ選べ。亜鉛：　1　，スズ：　2　，鉛：　3

① 　単体は硝酸や水酸化ナトリウム水溶液には溶けるが，塩酸や希硫酸にはほとんど溶けない。電池の電極や放射線の遮蔽材として用いられている。

② 　天然には辰砂として産出し，これを加熱すると単体が得られる。常温で液体の金属で，有毒である。

③ 　単体は電池の電極や5円玉などの黄銅の成分として使われ，水酸化物は，塩酸，水酸化ナトリウム水溶液およびアンモニア水に溶解する。

④ 　イタイイタイ病の原因物質と考えられている金属で，その硫化物は黄色顔料として用いられる。

⑤ 　ブリキや青銅の成分として使われている。2価のイオンは還元剤として用いられ，4価のイオンに酸化されやすい。

問2 図1は，亜鉛粉末を用いた実験を示している。操作アでは気体が発生し，操作イではある液体を少しずつ加えたところ，沈殿が生じた。操作アで発生した気体と，操作イで加えた水溶液の組合せとして最も適当なものを，下の①〜⑥のうちから一つ選べ。

4

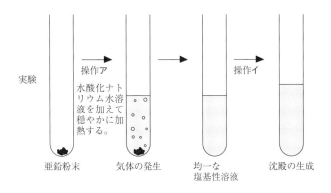

図1

	操 作 ア	操 作 イ
①	酸 素	塩 酸
②	酸 素	水酸化ナトリウム水溶液
③	酸 素	アンモニア水
④	水 素	塩 酸
⑤	水 素	水酸化ナトリウム水溶液
⑥	水 素	アンモニア水

第9問　銅

次の各問い(問1・問2)に答えよ。

問1　銀と鉄を不純物として含む粗銅から純銅をつくるために，粗銅
　　と純銅をそれぞれ電極に用い，硫酸酸性にした硫酸銅(Ⅱ)水溶液
　　の電気分解を行った。これに関して次の問い(**a**・**b**)に答えよ。

　a　粗銅はどちらの電極として用いるか。次の①と②のうちから，
　　正しいものを一つ選べ。　| 1 |

　　①　陽極　　　　　　　　　　②　陰極

　b　電気分解により，不純物として含まれていた銀と鉄はどのよう
　　に変化するか。正しい記述を次の①～⑥のうちから一つ選べ。
　　| 2 |

　　①　銀と鉄はイオンとして溶液中に溶けたままである。
　　②　銀と鉄は単体のまま，陽極の下に沈殿する。
　　③　銀はイオンとして溶液中に溶けたままであり，鉄は陽極の下
　　　に単体のまま沈殿する。
　　④　銀はイオンとして溶液中に溶けたままであり，鉄は陰極に析
　　　出する。
　　⑤　鉄はイオンとして溶液中に溶けたままであり，銀は陰極に析
　　　出する。
　　⑥　鉄はイオンとして溶液中に溶けたままであり，銀は陽極の下
　　　に単体のまま沈殿する。

問2　次の文中の　3　～　8　に当てはまるものを，下のそれぞ
れの解答群のうちから一つずつ選べ。

　純銅に濃硝酸を加えると，気体　3　を発生して銅は溶ける。こ
の銅の溶液中に水酸化ナトリウム水溶液を加えると，　4　色の沈殿
　5　が生じる。ろ過して得られたこの沈殿に，過剰のアンモニア水
を加えると，沈殿は溶解して　6　に変化するため，溶液は深青色に
なる。一方，沈殿　5　を加熱すると，　7　色の　8　に変化す
る。　8　は単体の銅をおだやかに加熱しても得られ，酸化剤として
用いられる。

　　3　，　5　，　6　，　8　の解答群

① Cu_2O　　　　② CuO　　　　③ $Cu(OH)_2$

④ $[Cu(NH_3)_4]^{2+}$　⑤ $[Cu(NH_3)_2]^{2+}$　⑥ $CuSO_4$

⑦ NO　　　　　⑧ NO_2　　　　⑨ H_2

　　4　，　7　の解答群

① 青白　　② 白　　③ 赤　　④ 黒　　⑤ 黄

— 99 —

第10問 鉄, コバルト, ニッケル

次の各問い(問1・問2)に答えよ。

問1 水溶液において, 鉄は2価のイオン Fe^{2+} や3価のイオン Fe^{3+} として存在する。次の記述①〜⑤のうちから, **誤りを含むもの**を一つ選べ。 1

① Fe^{2+} の水溶液を空気中に放置しておくと, Fe^{3+} に変化し, 水溶液は黄褐色になる。

② Fe^{2+} の水溶液に硫酸酸性にした過マンガン酸カリウム水溶液を滴下すると, 過マンガン酸カリウム水溶液の赤紫色が消える。

③ Fe^{2+} の水溶液にヘキサシアニド鉄(Ⅲ)酸カリウム水溶液を滴下すると, 濃青色の沈殿が生じる。

④ Fe^{3+} の水溶液に水酸化ナトリウム水溶液を加えると, 白色の沈殿が生じる。

⑤ Fe^{3+} の水溶液にヘキサシアニド鉄(Ⅱ)酸カリウム水溶液を滴下すると, 濃青色の沈殿が生じる。

問2　次の記述①～⑦のうちから，**誤りを含むもの**を二つ選べ。
　　　　 2 ， 3

①　鉄鉱石をコークス，石灰石と共に溶鉱炉(高炉)に入れて，加熱した空気を送ると，鉄鉱石が一酸化炭素により還元されて，スラグと呼ばれる鉄が得られる。

②　50円，100円および500円硬貨は，主成分として銅とニッケルの合金である白銅からなる。

③　コバルトは磁石材料や合金材料として用いられ，酸化物は青色であり，ガラスや陶磁器の顔料に使われる。

④　ニッケルは，植物油に水素を付加してマーガリンをつくる際の触媒として，また，ニッケルカドミウム電池の正極の成分として用いられている。

⑤　鉄を空気中に放置して赤さびが形成されるとき，空気中の酸素が酸化剤として働いている。

⑥　鉄は，亜鉛メッキすると，さびにくくなる。

⑦　鉄は，濃硝酸に接すると，激しく反応して溶解する。

第11問　銀

次の各問い（問1〜問3）に答えよ。

問1　次の文中の　1　〜　6　に当てはまる最も適当なものを,
下のそれぞれの解答群のうちから一つずつ選べ。

硝酸銀水溶液に塩酸を加えると,　1　色の沈殿　2　が生
じる。この沈殿に過剰のアンモニア水を加えると,沈殿は溶けて
　3　のイオンになり,そのときの水溶液の色は　4　色である。
一方,硝酸銀水溶液に水酸化ナトリウム水溶液を加えると,
　5　色の沈殿　6　が生じる。この沈殿に過剰のアンモニア
水を加えると,沈殿は溶けて　3　のイオンに変化する。

　1　,　4　,　5　の解答群
①　白　　　②　青　　　③　褐　　　④　黒　　　⑤　無

　2　,　3　,　6　の解答群

①　$AgOH$　　　　　②　Ag_2O　　　　③　Ag_2CrO_4

④　Ag　　　　　　⑤　$AgCl$　　　　　⑥　Ag^+

⑦　$[Ag(NH_3)_2]^+$　　⑧　$[Ag(NH_3)_4]^+$

問2　銀の単体や化合物に関する記述として**誤りを含むもの**を，次の①〜⑤のうちから一つ選べ。　7

① 単体の熱伝導性は，室温ではすべての金属元素の単体中で最大である。

② 単体は熱濃硫酸に溶けない。

③ 臭化銀は水に溶けにくい。

④ 硝酸銀水溶液は無色である。

⑤ 白色の塩化銀を光の下に置くと，黒色に変化する。

問3　ある濃度の硝酸銀水溶液 100 mL に，0.40 mol/L クロム酸カリウム水溶液 50 mL を加えたところ，クロム酸銀の沈殿が生じた。この沈殿をろ過によって除き，ろ液に 1.0 mol/L 塩化カリウム水溶液を加えていったところ，10 mL までは塩化銀の沈殿が生じた。しかし，それからはさらに加えても新しい沈殿は生じなかった。最初の硝酸銀水溶液の濃度は何 mol/L か。最も適当な数値を，次の①〜⑥のうちから一つ選べ。　8　mol/L

① 0.030　　　② 0.040　　　③ 0.050

④ 0.30　　　⑤ 0.40　　　⑥ 0.50

第12問　クロム

二クロム酸イオン $Cr_2O_7{}^{2-}$ およびクロム酸イオン $CrO_4{}^{2-}$ を含む水溶液に関する次の記述 **a ～ c** について，正誤の組合せとして正しいものを，下の①～⑧のうちから一つ選べ。 1

a $Cr_2O_7{}^{2-}$ を含む硫酸酸性の水溶液に過酸化水素水を加えると，水溶液は赤橙色から緑色に変化する。

b $CrO_4{}^{2-}$ のクロム原子の酸化数は，+7である。

c $CrO_4{}^{2-}$ を含む水溶液を酸性にすると，$Cr_2O_7{}^{2-}$ を生じる。

	a	b	c
①	正	正	正
②	正	正	誤
③	正	誤	正
④	正	誤	誤
⑤	誤	正	正
⑥	誤	正	誤
⑦	誤	誤	正
⑧	誤	誤	誤

実験器具と試薬の取り扱い
第1問　器具の名称と使用法

　次に示した実験器具について，それらの名称をA群から，また，用途をB群からそれぞれ一つずつ選べ。

名称 | 1 |,用途 | 2 |　　名称 | 3 |,用途 | 4 |　　名称 | 5 |,用途 | 6 |

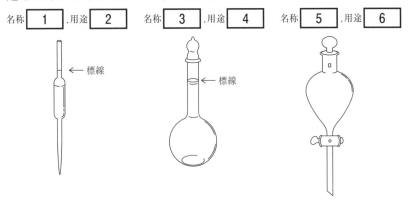

〔A群〕

① 　ビュレット　　　　② 　ホールピペット　　　③ 　分液ろうと

④ 　メスシリンダー　　⑤ 　メスフラスコ　　　　⑥ 　ろうと

〔B群〕

① 　抽出の操作を行うときに使用し，互いに溶け合わない2種類の液体を分離するときに用いる。

② 　ろ過の操作を行うときに使用し，粒子の大きさの違いを利用して分離するときに用いる。

③ 　正確に一定体積の液体を測り取るときに用いる。

④ 　滴定の操作を行うときに使用し，滴下した液体の正確な体積を知りたいときに用いる。

⑤ 　溶液の体積を正確に調整するときに用いる。

⑥ 　液体のおおよその体積を測り取るときに用いる。

第2問　蒸留

　次の図は，食塩水から水を分離する蒸留装置を示したものである。これに関する下の記述①〜⑤のうちから，正しいものを一つ選べ。

1

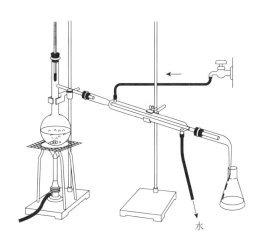

①　冷却水を流す方向は，図に示した方向とは逆に，下から上の方向に流したほうがよい。

②　流出液を受け取る三角フラスコの口は，ゴミなどが入らないようにゴム栓で密栓したほうがよい。

③　温度計の先端の球部は，食塩水の中に浸けたほうがよい。

④　沸騰石は，何度も繰り返して用いたものを用いる。

⑤　食塩水の量は，枝付きフラスコの上の部分まで入れたほうが効率がよい。

第3問　試薬の保存法

次の記述①〜⑤のうちから，正しいものを一つ選べ。 | 1 |

① 　赤リンや黄リンは空気と接触すると発火するので，石油エーテル中に保存する。

② 　ナトリウムは空気や水と接すると反応するので，エタノール中に保存する。

③ 　濃厚な水酸化ナトリウム水溶液は空気中の二酸化炭素と反応するので，ガラス瓶に入れて密栓して保存する。

④ 　硝酸銀や濃硝酸は光に当らないように，褐色瓶に入れて冷暗所に保存する。

⑤ 　ヨウ素や濃硫酸は揮発性ではないので，密栓して保存する必要はない。

第4問　試薬の性質

次の記述①〜⑤のうちから，**誤りを含むもの**を一つ選べ。 1

① 水酸化ナトリウムや塩化ナトリウムの結晶には潮解性がある。

② 炭酸ナトリウム十水和物や硫酸ナトリウム十水和物には風解性がある。

③ 塩化カルシウムや酸化カルシウムは乾燥剤として用いられる。

④ 酸化カルシウムや濃硫酸は水と接すると大きな発熱を伴うので，水と混合するときには注意しなければならない。

⑤ 無水硫酸銅(Ⅱ)の粉末に水を滴下すると，青色の硫酸銅(Ⅱ)五水和物の結晶に変化する。

第4章

無機・理論融合問題

第1問 塩素の反応と酸化還元

次の文章を読み，問い(問1〜4)に答えよ。

市販の塩素系漂白剤には，赤色で「混ぜるな危険」という表示がなされている。これは，漂白剤の主成分である次亜塩素酸ナトリウム NaClO に酸性の洗浄剤を混ぜると，有毒な塩素 Cl_2 が発生して危険だからである。そのため，市販の塩素系漂白剤には水酸化ナトリウム NaOH が混入されており，強いアルカリ性になっている。

Cl_2 は水に少し溶けて，その一部が式(1)のように反応する。

$$Cl_2 + H_2O \rightleftharpoons HCl + HClO \tag{1}$$

また，少量の Cl_2 をヨウ化カリウム KI 水溶液に通じると，直ちに水溶液の色が ア から イ に変化する。

問1 HCl と HClO 中の Cl 原子の酸化数として正しいものを，次の①〜⑤のうちからそれぞれ一つずつ選べ。

HCl ☐ 1 ，HClO ☐ 2

① −1 ② 0 ③ +1 ④ +3 ⑤ +7

問2 式(1)の右向きの変化に関する記述として正しいものを，次の①〜⑤のうちから一つ選べ。 ☐ 3

① Cl_2 が酸化剤，H_2O が還元剤である。
② Cl_2 が酸化剤でもあり還元剤でもある。
③ 酸化還元反応ではない。
④ H_2O が酸化剤，Cl_2 が還元剤である。
⑤ H_2O が酸化剤でもあり還元剤でもある。

問3 ア と イ に当てはまる最も適当な色を，次の①〜⑤の
　　うちからそれぞれ一つずつ選べ。ア 4 ，イ 5

①　無色　　　②　黒色　　　③　橙赤色　　　④　紫色
⑤　褐色

問4　水酸化ナトリウム水溶液に塩素を通じた。(1)式を参考にして，
　　これに関する次の問い（a・b）に答えよ。

a　このときに起こる反応に関する記述として正しいものを，次
　　の①〜④のうちから一つ選べ。 6

①　中和反応が起こり，酸化還元反応は起こっていない。
②　酸化還元反応が起こり，中和反応は起こっていない。
③　中和反応と酸化還元反応が起こっている。
④　中和反応も酸化還元反応も起こっていない。

b　0.10 mol の塩素と過不足なく反応する水酸化ナトリウムの
　　物質量として最も適当な数値を，次の①〜⑤のうちから一つ選
　　べ。 7 mol

①　0.050　　　②　0.10　　　③　0.15　　　④　0.20
⑤　0.40

第2問　NH_3 と HNO_3 の工業的製法と化学平衡，熱化学

次の文章を読み，問い(問1～4)に答えよ。

アンモニア NH_3 は，硝酸 HNO_3 などの窒素化合物の合成原料として，また，冷凍機などの冷媒として用いられている。

工業的には，NH_3 は窒素 N_2 と水素 H_2 を原料とするハーバー・ボッシュ法により製造されている。

$$N_2 + 3H_2 \rightleftharpoons 2NH_3 \tag{1}$$

工業的にアンモニアから硝酸を製造するには，まず，触媒を用いて高温でアンモニアを空気酸化して一酸化窒素 NO にする。

$$4NH_3 + 5O_2 \longrightarrow 4NO + 6H_2O \tag{2}$$

生じた NO を熱交換機で冷却してさらに空気中の酸素 O_2 と反応させると，二酸化窒素 NO_2 が生じる。

$$2NO + O_2 \longrightarrow 2NO_2 \tag{3}$$

NO_2 を水に吸収させると HNO_3 が生成する。

$$3NO_2 + H_2O \longrightarrow 2HNO_3 + NO \tag{4}$$

(4)の反応で生じた NO は分離されて再び(3)の反応に用いられる。

問1　式(1)と式(2)でそれぞれ用いられている触媒の組合せとして最も
　　適当なものを，次の①〜⑥のうちから一つ選べ。　1

	式(1)	式(2)
①	Fe_3O_4	Pt
②	Pt	Fe_3O_4
③	V_2O_5	Pt
④	MnO_2	V_2O_5
⑤	V_2O_5	MnO_2
⑥	Fe_3O_4	V_2O_5

問2　次の図は，式(1)の反応の圧力を一定（P_1, P_2）に保って，温度
　　を変化させたときの平衡状態での NH_3 の割合を示したものであ
　　る。

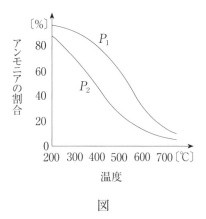

図

式(1)の反応と図を参考にして，図中の圧力 P_1，P_2 の大小関係と式(1)の NH_3 が生成する方向の熱の出入りの組合せとして最も適当なものを，次の①～④のうちから一つ選べ。 2

	圧力の大小関係	熱の出入り
①	$P_1 > P_2$	吸熱反応
②	$P_1 > P_2$	発熱反応
③	$P_1 < P_2$	吸熱反応
④	$P_1 < P_2$	発熱反応

問3　H_2 分子内の H−H の結合エネルギーを436kJ/mol，N_2 分子内の N≡N の結合エネルギーを945kJ/mol，NH_3 分子内の N−H の結合エネルギーを391kJ/mol とすると，気体の NH_3 の生成エンタルピーとして最も適当な数値を，次の①～⑧のうちから一つ選べ。 3 kJ/mol

① −186　　　② −93　　　③ −47　　　④ −23

⑤ 23　　　⑥ 47　　　⑦ 93　　　⑧ 186

問4　0℃，$1,013 \times 10^5$Pa で11.2 m^3 の NH_3 から製造することのできる濃度60.0%の濃硝酸（密度1.40 g/cm^3）の体積（L）として最も適当な数値を，次の①～⑥のうちから一つ選べ。ただし，原子量は H $=1.0$，N $=14$，O $=16$ とする。 4 L

① 2.25　　　② 3.75　　　③ 4.50　　　④ 22.5

⑤ 37.5　　　⑥ 45.0

第3問　過酸化水素の分解反応と反応速度

　濃度 C_0 〔mol/L〕の過酸化水素水 200mL に，酸化マンガン(Ⅳ)を加えると，反応が起こり気体が発生し始めた。酸化マンガン(Ⅳ)を加えた直後の時刻を 0 分とし，1 分ごとに発生した酸素を下の図 1 のような目盛り付きの容器に水上置換法で捕集して，各時間における過酸化水素水のモル濃度を求めた。その結果を次頁の表に示してある。

　なお，水槽の液面と目盛り付きの容器内の液面の高さを一致させて捕集した気体の体積を測定した。実験時の水温は t 〔℃〕，大気圧は P 〔Pa〕，この温度の水の飽和蒸気圧は p_w 〔Pa〕，気体定数は R 〔Pa・L/K・mol〕として，問い(問 1 〜 4)に答えよ。ただし，実験中における過酸化水素水の体積は変わらないものとする。

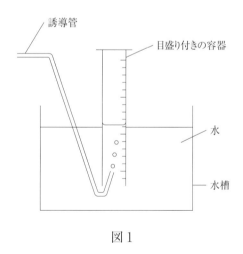

図 1

表

時間〔分〕	気体の体積〔mL〕	H_2O_2 のモル濃度〔mol/L〕
0	0	C_0
1	V_1	C_1
2	V_2	C_2
3	V_3	C_3
4	V_4	C_4
・	・	・
・	・	・
・	・	・
・	・	・
・	・	・
10	V_{10}	C_{10}

問1 この反応における酸化マンガン(Ⅳ)のはたらきに関する記述として正しいものを，次の①〜⑥のうちから一つ選べ。 [1]

① 塩素酸カリウム $KClO_3$ に酸化マンガン(Ⅳ)を作用させて酸素を発生させる反応と同じで，酸化剤としてはたらいている。

② 塩素酸カリウム $KClO_3$ に酸化マンガン(Ⅳ)を作用させて酸素を発生させる反応と同じで，還元剤としてはたらいている。

③ 塩素酸カリウム $KClO_3$ に酸化マンガン(Ⅳ)を作用させて酸素を発生させる反応と同じで，触媒としてはたらいている。

④ 濃塩酸に酸化マンガン(Ⅳ)を作用させて塩素を発生させる反応と同じで，酸化剤としてはたらいている。

⑤ 濃塩酸に酸化マンガン(Ⅳ)を作用させて塩素を発生させる反応と同じで，還元剤としてはたらいている。

⑥ 濃塩酸に酸化マンガン(Ⅳ)を作用させて塩素を発生させる反応と同じで，触媒としてはたらいている。

問2 　2分後における H_2O_2 のモル濃度 C_2 を，C_0，V_2，t，P，p_w，R を用いて表した式として最も適当なものを，次の①〜⑥のうちから一つ選べ。 2

① $C_0 - \dfrac{V_2(P - p_w)}{100R(273 + t)}$ 　　② $C_0 - \dfrac{V_2 P}{100R(273 + t)}$

③ $\dfrac{V_2(P - p_w)}{100R(273 + t)}$ 　　④ $C_0 - \dfrac{V_2(P - p_w)}{200R(273 + t)}$

⑤ $C_0 - \dfrac{V_2 P}{200R(273 + t)}$ 　　⑥ $\dfrac{V_2(P - p_w)}{200R(273 + t)}$

問3 　水上置換法で気体を捕集する場合，誘導管や反応容器中に存在していた空気の一部が押し出されて，発生した酸素のかわりに捕集されているが，押し出された空気はすべて発生した酸素と見なして処理してよい。そのように処理してよい理由と最も関係の深い法則を，次の①〜⑤のうちから一つ選べ。 3

① 　質量保存の法則

② 　定比例の法則

③ 　倍数比例の法則

④ 　アボガドロの法則

⑤ 　ヘスの法則

問4　一定時間あたりの過酸化水素の平均の濃度 c〔mol/L〕と過酸化水素の分解の速さ v〔mol/(L・分)〕を求めてグラフにすると，図2のような原点を通る直線になった。したがって，反応の速さ v と反応物質である過酸化水素のモル濃度〔H_2O_2〕の関係は，下の式(1)で表される。

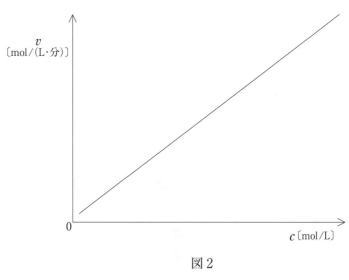

図2

$$v = k[H_2O_2] \tag{1}$$

式(1)の k に関する記述として正しいものを，次の①〜⑤のうちから一つ選べ。 4

① 平衡定数とよばれる。

② 過酸化水素の濃度を大きくすると大きくなる。

③ 反応速度式が(1)式で表される反応ならば，反応物質の種類に関係なく常に一定の値である。

④ 単位は mol/(L・分)である。

⑤ 温度を高くすると大きくなる。

第4問　炭酸塩の性質と中和の二段滴定

次の文章を読み，次頁の問い(問1～3)に答えよ。

アルカリ金属やアルカリ土類金属の炭酸塩の性質を確認するために次の実験操作1～5を順に行った。

操作1：水酸化ナトリウム水溶液に二酸化炭素を通じると，水溶液A
　　　　が得られた。

操作2：水酸化カルシウムの水溶液に二酸化炭素を通じると，白色の
　　　　沈殿Bが生じて水溶液は白濁した。

操作3：操作2で得られた白濁した水溶液を二等分し，その一つに二
　　　　酸化炭素をさらに通じると，無色透明な水溶液Cに変化した。

操作4：水溶液Cを加熱すると，直ちに沈殿B得られた。

操作5：操作3で二等分して得られたもう一つの白濁した水溶液をろ
　　　　過し，得られた沈殿Bをるつぼに入れて高温で加熱したとこ
　　　　ろ，白色の物質Dに変化した。

問1　水溶液 A の一部を三角フラスコに量り取り，ある濃度の塩酸で滴定したところ，次のような滴定曲線が得られた。

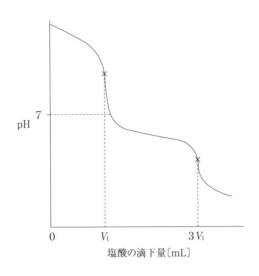

水溶液 A の組成として正しいものを，次の①～⑥うちから一つ選べ。 1

① 物質量の比が $NaOH：Na_2CO_3 = 1：1$ の混合液

② 物質量の比が $NaOH：Na_2CO_3 = 1：2$ の混合液

③ 物質量の比が $NaOH：Na_2CO_3 = 1：3$ の混合液

④ 物質量の比が $Na_2CO_3：NaHCO_3 = 1：1$ の混合液

⑤ 物質量の比が $Na_2CO_3：NaHCO_3 = 1：2$ の混合液

⑥ 物質量の比が $Na_2CO_3：NaHCO_3 = 1：3$ の混合液

問2　石灰岩地帯には多くの鍾乳洞が存在し，鍾乳洞の中に入ると，天井には円錐状に垂れ下がった物質(鍾乳石)や，床には筍(タケノコ)状の突起物(石筍)などが観察できる。鍾乳石や石筍の生成と最も関係の深い操作を，次の①〜⑤のうちから一つ選べ。 2

① 操作1 ② 操作2 ③ 操作3
④ 操作4 ⑤ 操作5

問3　物質Dに関する記述として誤りを含むものを，次の①〜⑤のうちから一つ選べ。 3

① 乾燥剤として使用される。
② 二酸化炭素を吸収する。
③ 水を吸収すると発熱する。
④ 炭素と混合して加熱するとカーバイドが生じる。
⑤ 酸性酸化物に分類される。

第5問　鉄の製錬と酸化還元滴定

　日常生活で多く使われている鉄は，鉄鉱石から製錬と呼ばれる方法で得られている。次の図は，製錬に用いられる溶鉱炉の概略図である。

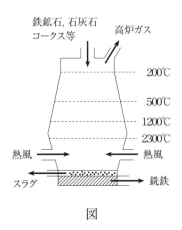

図

　Fe_2O_3 を主成分とする鉄鉱石を，コークス C や石灰石 $CaCO_3$ とともに溶鉱炉の上部から投入し，下部から1300℃の熱風を送り込むと，コークスの燃焼により2000℃以上の高温になり，コークスは一酸化炭素 CO となる。生成した CO は溶鉱炉中で次のように段階的に Fe_2O_3 を還元して鉄にする。

$$Fe_2O_3 \longrightarrow Fe_3O_4 \longrightarrow FeO \longrightarrow Fe$$

　この過程で得られる鉄は銑鉄と呼ばれ，質量比で3〜5％の炭素などの不純物を含み，もろくて延性，展性に乏しい。そのため，転炉において銑鉄に高圧の酸素を吹き込んで，炭素などの不純物を2％以下まで減少させる。こうして得られた鉄は，硬くてねばり強い性質をもち，鋼と呼ばれる。銑鉄は鋳物などに，鋼は鋼材として建築物などに用いられている。

次の問い(問 1 ～ 3)に答えよ。

問1　鉄の酸化物には,「赤さび」や「べんがら」ともよばれ顔料になる A と,「黒さび」ともよばれ,磁鉄鉱や砂鉄の主成分である B がある。A と B の主成分を表す化学式として正しい組合せを,次の①～⑥のうちから一つ選べ。　| 1 |

	A	B
①	FeO	Fe_2O_3
②	FeO	Fe_3O_4
③	Fe_2O_3	FeO
④	Fe_3O_4	FeO
⑤	Fe_2O_3	Fe_3O_4
⑥	Fe_3O_4	Fe_2O_3

問2　1.0トンの鉄鉱石を用いた場合, 6.0%の不純物を含む銑鉄は,何トン得られるか。最も適当な数値を,次の①～⑥のうちから一つ選べ。ただし,鉄鉱石中の鉄の化合物は Fe_2O_3 のみとし,その含有率は80%とする。また,鉄鉱石中の鉄はすべて銑鉄に変化したものとする。原子量は $Fe = 56$, $O = 16$ とせよ。　| 2 | トン

①　　0.060　　　　②　　0.10　　　　③　　0.20

④　　0.40　　　　⑤　　0.60　　　　⑥　　0.80

問3 鉄鉱石に適当な化学的処理をして，含まれている鉄をすべて硫酸鉄(Ⅱ)の水溶液に変化させたとする。この硫酸鉄(Ⅱ)水溶液 20.0 mL をコニカルビーカーにとり，硫酸を 5 mL 加えて酸性にした後，0.020 mol/L の過マンガン酸カリウム水溶液で滴定したところ，16.0 mL で滴定の終点に達した。硫酸鉄(Ⅱ)のモル濃度として最も適当な数値を，下の①～⑤のうちから一つ選べ。ただし，それぞれの物質の変化を電子を含むイオン反応式で表すと，次のようになる。　**3**　mol/L

$$MnO_4^- + 8H^+ + 5e^- \longrightarrow Mn^{2+} + 4H_2O$$
$$Fe^{2+} \longrightarrow Fe^{3+} + e^-$$

① 0.010 　　② 0.020 　　③ 0.040

④ 0.060 　　⑤ 0.080

河合塾
SERIES

マーク式
基礎問題集
化学 改訂版
［理論・無機］
解答・解説編

河合出版

理論化学

物質の状態

物質の変化

物質の状態

第1問　分子

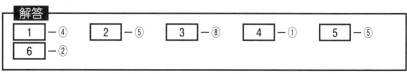

解答

1 — ④　　2 — ⑤　　3 — ⑧　　4 — ①　　5 — ⑤
6 — ②

解説

問1・問2　分子間にはたらく力の種類

1．ファンデルワールス力

　　分子内の電子分布の瞬間的な「ゆらぎ」に起因する弱い引力。すべての分子に存在するので，「分子間力」と同義に使われる場合がある。分子中に電子の数が多いほど電子分布の瞬間的な「ゆらぎ」は大きくなるため，分子量が大きいほど強くなる。

2．極性分子間にはたらく引力

　　分子の極性にもとづく静電気的な引力。分子の極性が大きいほど，強くなる。SiH_4 と H_2S は分子量がほぼ同じであるので，ファンデルワールス力の強さはほぼ同じである。ただし，SiH_4 は正四面体形で無極性分子，H_2S は折れ線形で極性分子であるので，H_2S の方が沸点は高くなる。

3．水素結合

　　第2周期の元素で電気陰性度が特別に大きい原子(N, O, F)が水素原子と結合した様式「$N-H$, $O-H$, $F-H$」をもつ分子にのみ形成される。したがって，この結合様式をもたない水素 H_2，アセトアルデヒド CH_3CHO，アセトン CH_3COCH_3，ベンゼン C_6H_6 の分子間には水素結合は形成されない。

問3　分子間にはたらく力の強さ

1．結合の強さ：水素結合＞極性分子間にはたらく引力＞ファンデルワールス力

　　第2周期の15～17族元素の水素化合物の沸点が異常に高くなるのは，分子間に水素結合が形成されるからである。→③正

　　水素結合が存在しない場合には，次の関係に従う。

　(1)　極性が同程度の分子(分子の構造が類似した分子)では，分子量が大きいほ

ど強い。

 (ⅰ) 第 2 周期～第 5 周期の 14 族元素の水素化合物の沸点。→①正

 (ⅱ) 第 3 周期～第 5 周期の 15 族元素の水素化合物の沸点。

 (ⅲ) 第 3 周期～第 5 周期の 16 族元素の水素化合物の沸点。→②誤

 (ⅳ) 第 3 周期～第 5 周期の 17 族元素の水素化合物の沸点。

⑵ 分子量が同程度の分子では，分子の極性が大きいほど強い。

 (ⅰ) 第 3 周期の 14～17 族元素の水素化合物の沸点。→④正

 (ⅱ) 第 4 周期の 14～17 族元素の水素化合物の沸点。

 (ⅲ) 第 5 周期の 14～17 族元素の水素化合物の沸点。

2．水素結合の強さ

 電気陰性度の大小関係は F ＞ O ＞ N なので，形成される水素結合 1 個あたりの強さは，HF ＞ H_2O ＞ NH_3 となる。しかし，1 分子あたりに形成される水素結合の最大数は，H_2O では 2 個，HF と NH_3 では 1 個であるので，第 2 周期における 15～17 族元素の水素化合物の沸点の大小は，H_2O ＞ HF ＞ NH_3 となる。

第2問　結晶の構造

解説

問1　金属の結晶格子

　　粒子の配列が規則的でない固体をアモルファス（非晶質）といい，ガラスや太陽電池などの半導体に使われているアモルファスシリコンなどがある。一方，粒子が規則正しく配列した構造を持つ固体を結晶という。結晶は一定の融点をもつが，アモルファスは一定の融点をもたない。

　　主な金属の結晶格子には次の図1～図3に示す3つのものがあり，最小の繰り返し単位である単位格子は，体心立方格子と面心立方格子では1個の立方体，六方最密構造では ▢ の部分が該当する。

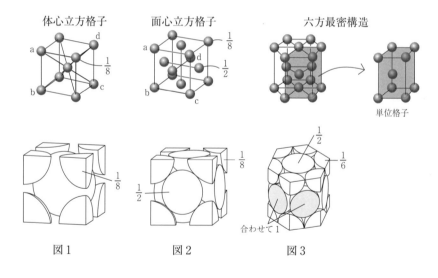

体心立方格子　　面心立方格子　　　　六方最密構造

単位格子

図1　　　　　　　図2　　　　　　　図3

①　正しい。1個の原子に着目したとき，その原子に隣接する原子の数を配位数といい，配位数が大きいほど原子が密に配列している。

　　配位数は，体心立方格子では8，面心立方格子と六方最密構造では12となる。面心立方格子と六方最密構造は，同じ大きさの球を最も密につめた構造

となっており，面心立方格子は立方最密構造ともいう。

② 正しい。体心立方格子は図1に示すように，立方体の各頂点にある8個の原子はその $\frac{1}{8}$ 個が，立方体の中心にある原子は1個が，それぞれ1個の立方体中に存在しているので，

$$8 \times \frac{1}{8} + 1 = 2 \, (個)$$

面心立方格子は図2に示すように，面の中心にある6個の原子はそれぞれ $\frac{1}{2}$ 個が1個の立方体の中に存在しているので，

$$8 \times \frac{1}{8} + 6 \times \frac{1}{2} = 4 \, (個)$$

六方最密構造では図3に示すように，1個の六角柱に存在している原子の数を考えると，正六角形の各頂点にある12個の原子はそれぞれ $\frac{1}{6}$ 個が，正六角形の面の中心にある2個の原子はそれぞれ $\frac{1}{2}$ 個が存在している。また，中間層にある3個の原子はそれぞれ1個分が存在していることになるので，

$$12 \times \frac{1}{6} + 2 \times \frac{1}{2} + 3 \times 1 = 6 \, (個)$$

単位格子は六角柱の $\frac{1}{3}$ であるので，

$$6 \times \frac{1}{3} = 2 \, (個)$$

なお，中間層にある3個の原子を真上から見ると次のようになる。

影をつけた部分が1つの六角柱からはみ出しているが，同じ体積の分だけ隣接している3個の原子から提供されているので，結局3個分が六角柱に存在していることになる。

③ 正しい。それぞれ図1と図2に示した原子 abcd の断面図は次のようになる。

体心立方格子 面心立方格子

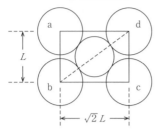 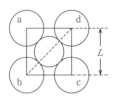

したがって，体心立方格子では次の関係式が成立する。

$$\overline{bd} = \sqrt{3}L \text{より} 4r = \sqrt{3}L$$

また，面心立方格子では次の関係式が成立する。

$$\overline{bd} = \sqrt{2}L \text{より} 4r = \sqrt{2}L$$

④ 正しい。質量を体積で割ったものが密度である。体心立方格子では単位格子1個に原子が2個存在するから，単位格子1個の質量は原子2個の質量に等しい。

$$\text{体心立方格子の密度} d = \frac{\text{単位格子1個の質量}}{\text{単位格子1個の体積}}$$

$$= \frac{\text{原子2個の質量}}{\text{立方体1個の体積}} = \frac{\frac{M}{N} \times 2}{L^3}$$

したがって，$N = \dfrac{2M}{dL^3}$

なお，面心立方格子では次の関係式が成立する。

$$\text{面心立方格子の密度} d = \frac{\frac{M}{N} \times 4}{L^3}$$

⑤ 誤り。単位格子に占める金属原子の体積の割合を充填率（％）という。充填率が大きいほど金属原子が密に配列しており，100－充填率は結晶の隙間の割合（％）を表している。①で確認したように，面心立方格子と六方最密構造の配位数は同じであるので，どちらも最密構造であり充填率は同じになる。

　面心立方格子の充填率を計算すると次のようになる。

$$充填率 = \frac{原子1個の体積 \times 単位格子中の原子数}{単位格子1個の体積} \times 100$$

原子は半径 r〔cm〕の球，単位格子の1辺の長さを L〔cm〕とすると，

$$充填率 = \frac{\frac{4}{3}\pi r^3 \times 4}{L^3} \times 100$$

ここで，$4r = \sqrt{2}L$ であるから，上の式に代入すると，

$$充填率 = 73.8(\%)$$

問2　イオン結晶

　　主なイオン結晶には，NaCl型と呼ばれている図4の結晶構造Aと，塩化セ
シウム型と呼ばれている図5の結晶構造Bがある。これらは大きさの異なる
2種類のイオンからなり，隣接する陽イオンと陰イオンは接しており，○，●
どちらを陽イオンにしても陰イオンにしてもよい。

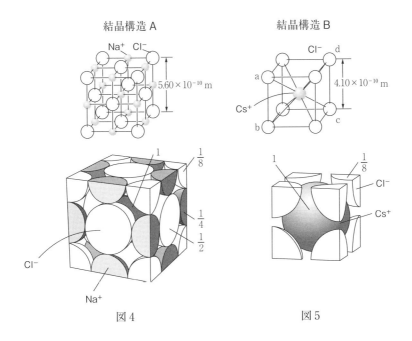

図4　　　　　　　　　　　　図5

① 正しい。陽イオンどうしおよび陰イオンどうしは，次のようにともに面心立方格子の構造となっている。

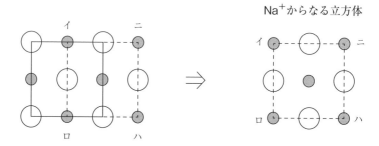

Na⁺からなる立方体

② 誤り。結晶構造 A では，正八面体の中心にある陰イオン（陽イオン）が，各頂点にある 6 個の陽イオン（陰イオン）と接しているので，配位数は 6 である。

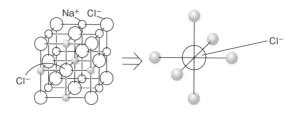

結晶構造 B では，立方体の中心にある陽イオンが各頂点にある 8 個の陰イオンと接しているので，配位数は 8 である。

③ 正しい。結晶構造 A では図 4 に示したように，立方体の各頂点にある 8 個の陰イオンはそれぞれ $\frac{1}{8}$ が，面の中心にある 6 個の陰イオンはそれぞれ $\frac{1}{2}$ が，1 個の立方体中に存在している。また，立方体の各辺の中心にある 12 個の陽イオンはそれぞれ $\frac{1}{4}$ が 1 個の立方体中に存在しており，立方体の中心に 1 個の陽イオンがあるので，

$$陰イオンの数 = 8 \times \frac{1}{8} + 6 \times \frac{1}{2} = 4 \,(個)$$

$$陽イオンの数 = 12 \times \frac{1}{4} + 1 = 4 \,(個)$$

したがって，イオンの総数は 8 となる。

結晶構造Bでは図5に示したように，立方体の各頂点にある8個の陰イオンはそれぞれ $\frac{1}{8}$ が1個の立方体中に存在しており，立方体の中心に1個の陽イオンがあるので，

　　陰イオンの数 $= 8 \times \frac{1}{8} = 1$（個）

　　陽イオンの数 $= 1$（個）

したがって，イオンの総数は2となる。

④　正しい。陰イオンのイオン半径を r^-，陽イオンのイオン半径を r^+ とすると，陰イオンと陽イオンは接しているので，結晶構造Aでは図4に示したように，

　　イオンの中心間の最短距離 $= r^- + r^+$

　　単位格子の一辺の長さ $= 2(r^- + r^+)$

したがって，

　　イオンの中心間の最短距離 $= \frac{1}{2} \times$ 立方体一辺の長さ

結晶構造Bでは，単位格子の一辺の長さを L，陰イオンのイオン半径を r^-，陽イオンのイオン半径を r^+ とすると，図5の断面 abcd は次のようになる。

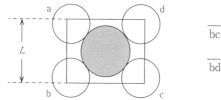

$$\overline{bc} = \sqrt{2}L$$

$$\overline{bd} = \sqrt{3}L$$

　　イオンの中心間の最短距離 $= r^- + r^+$

　　$\sqrt{3}L = 2(r^- + r^+)$

したがって，

　　イオンの中心間の最短距離 $= \frac{\sqrt{3}}{2}L$

⑤　正しい。③に示したように，結晶構造A，Bともに，単位格子である立方体1個の中に存在する陽イオンの数と陰イオンの数の比は1：1であるから，これらの構造をとる塩の組成式も陽イオン：陰イオン $= 1：1$ となる。した

がって，組成式 CaF₂ で表されるフッ化カルシウムは，結晶構造 A，B のいずれでもない。

問3　分子結晶

a　温度や状態が変化しても質量は変わらないので，体積が増加すると密度は減少し，体積が減少すると密度は増加する。

① 　誤り。氷の結晶は，すべての水分子が水素結合により結びついているため隙間の多い構造となり，液体の水より体積は大きく，密度は小さくなる。

② 　誤り。水素結合が切れて融解することにより，隙間の多い構造が少なくなり，体積が減少して密度は増加する。

③ 　誤り。水分子の熱運動による体積が増加する効果より，水素結合が切れて体積が減少する効果の方が大きいので，密度は増加する。

④ 　正しい。4℃より高くなると，多くの水素結合は切れてしまっているので，水分子の熱運動による体積が増加する効果の方が大きくなるので，密度は減少する。

b　ドライアイスは，CO₂ 分子がファンデルワールス力でつながった分子結晶である。CO₂ 分子の位置が面心立方格子となっているので，単位格子の立方体中には CO₂ 分子が 4 個すなわち酸素原子が 8 個存在する。したがって，1 cm³ のドライアイスの結晶中に存在する酸素原子の数は，

$$\frac{8}{(5.6 \times 10^{-8})^3} = 4.6 \times 10^{22}（個）$$

問4　共有結合の結晶

　　ダイヤモンドの単位格子は，次の(1)～(3)のように考えるとわかりやすい。

(1)　炭素原子で単位格子の一辺の長さ L〔cm〕の面心立方格子をつくる。

(2)　立方体を一辺の長さ $\dfrac{L}{2}$〔cm〕の8個の立方体に分割する。

(3)　8個の立方体において，互いに面で接していない4個の立方体の中心に炭素原子を置く。

　　したがって，単位格子中の炭素原子の数は，

　　　$8 \times \dfrac{1}{8} + 6 \times \dfrac{1}{2} + 4 \times 1 = 8$（個）

　　また，原子間の最短距離は，8分割した小さな立方体の中心に原子を置いた次の図の x〔cm〕になるから，

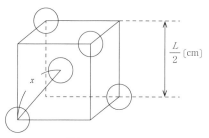

　$\dfrac{L}{2}\sqrt{3} = 2x$ より，$x = \dfrac{\sqrt{3}}{4}L$〔cm〕

第3問　気体

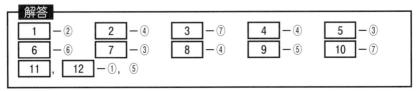
解説

問1　理想気体の状態方程式

a 容器内の He の圧力の方が大気圧より大きいので，瞬時に He が大気に放出されて容器内の圧力は大気圧に等しくなる。初めに封入した He とコックを開いたのちに容器内に残っている He は，同温，同体積なので，状態方程式から物質量の比＝圧力の比が成立する。

$$PV = nRT \quad \rightarrow \quad V,\ R,\ T は定数 \quad \rightarrow \quad P と n は比例$$

したがって，

$$\frac{容器内に残ったHeの物質量}{初めに封入したHeの物質量} = \frac{1.0 \times 10^5}{3.0 \times 10^5} = \frac{1}{3}（倍）$$

b 図1のイ→ロの変化は，圧力と体積が反比例していることから，温度を一定に保って体積を大きくすることにより圧力を減少させたと考えられる。ロ→ハの変化は，体積を一定に保って温度を上げることにより圧力を増加させたと考えられる。このとき，圧力は2倍になっていることから，絶対温度を2倍にしたことがわかる。したがって，グラフは④となる。

問2　気体の圧力

a 圧力の差が液面の差に比例し，圧力が低い方の液面が高くなる。

容器 A の圧力を P_A〔Pa〕，容器 B の圧力を P_B〔Pa〕とすると，

$$P_B - P_A = 1.0 \times 10^5 - 5.0 \times 10^4 = 0.5 \times 10^5\ \text{Pa}$$

圧力の差を水銀柱の高さ(cm)に変換すると，

$$76 \times \frac{0.5 \times 10^5}{1.0 \times 10^5} = 38\ \text{cm}$$

容器 A より容器 B の方が圧力は高いので，A 側の液面の方が B 側の液面
より高くなり，＋38 cm となる。

b 液体の密度が小さいほど液柱は高くなるので，液柱の高さは液体の密度に
反比例する。液体の密度は $\dfrac{6.8}{13.6}=\dfrac{1}{2}$（倍）に変化したので，液面の高さの
差は 2 倍となる。

問3 混合気体の分圧，密度，平均分子量

a 体積を一定に保って温度を変化させると，圧力は絶対温度に比例する。し
たがって，温度を 400 K から 300 K にしたときの全圧 $P〔\mathrm{Pa}〕$ は，

$$P=2.0\times10^5\times\frac{300}{400}=1.5\times10^5\,\mathrm{Pa}$$

また，混合気体中の各成分気体は常に同温，同体積の条件になっているの
で，物質量の比＝分圧の比が成立する。

各気体の物質量は，

$$CH_4\ の物質量=\frac{3.2}{16}=0.20\ \mathrm{mol}$$

$$N_2\ の物質量=\frac{2.8}{28}=0.10\ \mathrm{mol}$$

したがって，窒素の分圧 P_{N_2} は，

$$P_{N_2}=1.5\times10^5\times\frac{0.10}{0.10+0.20}=5.0\times10^4\,\mathrm{Pa}$$

b 単位体積あたりの質量が密度であるから，次のように定義できる。

$$密度=\frac{質量}{体積}$$

質量と体積を求めてもよいが，煩雑になりそうである。気体の密度の場合，
状態方程式を変形すると，

$$PV=nRT=\frac{w}{M}RT\ より，$$

$$\frac{w}{V}=\frac{PM}{RT}\ 〔\mathrm{g/L}〕$$

ここで，混合気体の場合，M は平均分子量となる。

$$M=16\times\frac{0.20}{0.10+0.20}+28\times\frac{0.10}{0.10+0.20}=20$$

$$P = 2.0 \times 10^5 \text{ Pa}$$

$$T = 400 \text{ K}$$

したがって,

$$\frac{w}{V} = \frac{2.0 \times 10^5 \times 20}{8.3 \times 10^3 \times 400} = 1.20 \text{ g/L}$$

問4 蒸発平衡

まず, 各容器が蒸発平衡に達しているかどうかの判断をしなければならない。 n 〔mol〕のメタノールを封入したとき, ちょうどすべて気体になり, 17 ℃の飽和蒸気圧を示したとすると, そのときの n は,

$$1.0 \times 10^5 \times \frac{83}{760} \times 58 = n \times 8.3 \times 10^3 \times 290 \text{ より,}$$

$$n = 0.26 \text{ mol}$$

すなわち, 0.26 mol 以上封入すると蒸発平衡になっている。 メタノールの分圧を P_m 〔mmHg〕とすると,

A：蒸発平衡に達していないので, P_m 〔mmHg〕＜83 mmHg

B, C：蒸発平衡に達しているので, P_m 〔mmHg〕＝83 mmHg

メタノールを封入しても各容器の空気の分圧は変わらないので, 各容器の圧力 P 〔mmHg〕は,

P 〔mmHg〕＝空気の分圧 760 mmHg ＋ P_m 〔mmHg〕

したがって,

760 mmHg ＜ P_A ＜ P_B ＝ P_C

問5　飽和蒸気圧

a　水が凝縮しないですべて気体と仮定すると，そのときの水の分圧P_{H_2O}〔Pa〕は，物質量の比＝圧力の比より，温度を下げても常に一定の値となる。

$$P_{H_2O} = 1.0 \times 10^5 \times \frac{0.020}{0.020 + 0.020} = 5.0 \times 10^4 \, Pa$$

飽和蒸気圧が関係したグラフに関する問題は，次の図のように，水がすべて気体と仮定したときの水の分圧を表すグラフを描いてから考えるのが鉄則である。蒸気圧曲線との交点82℃で蒸発平衡に達し，82℃以下では一部の水は凝縮するため，水の分圧は蒸気圧曲線に従う。

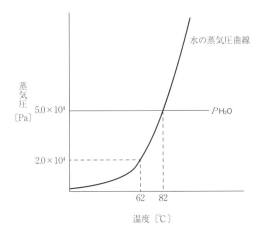

b　水が凝縮しなければ，気体の総物質量は0.040 molとなる。容器内の気体の物質量は0.025 molであるので，水の一部は液体であり，温度は82℃より低い。気体の体積がわからないので，状態方程式を用いて温度を求めることはできない。しかし，水の分圧P_{H_2O}〔Pa〕がわかれば，この温度における飽和蒸気圧になっているので，グラフより温度が求められる。窒素と水蒸気において，物質量の比＝分圧の比が成立するので，

$$\frac{水蒸気の分圧}{窒素の分圧} = \frac{水蒸気の物質量}{窒素の物質量}$$

$$\frac{P_{H_2O}}{1.0 \times 10^5 - P_{H_2O}} = \frac{0.025 - 0.020}{0.020} \quad より，\quad P_{H_2O} = 2.0 \times 10^4 \, Pa$$

飽和蒸気圧が2.0×10^4 Paとなる温度は，グラフより62℃である。

問6 理想気体と実在気体

理想気体と実在気体の相違点を次の表にまとめる。

	分子間力	分子の大きさ	気体の状態方程式
理想気体	なし	なし	成立する
実在気体	ある	ある	成立しない

a 誤り。温度を低くすると分子の熱運動が小さくなるので，分子間力の影響が大きくなり，ずれは大きくなる。

b 誤り。圧力が高いほど単位体積あたりの分子の数が増大するので，分子自身の大きさが無視できなくなり，ずれは大きくなる。

c 正しい。無極性分子では，分子量が大きいほど分子間力が大きくなるので，ずれは大きくなる。

問7 物質の状態図

① 誤り。1.0×10^5 Pa のもとで，氷は 0℃で融解するが，ドライアイスは −79℃で昇華する。

② 正しい。

③ 正しい。

④ 正しい。

⑤ 誤り。融解曲線の傾きが負である氷は融解するが，融解曲線の傾きが正である二酸化炭素は固体のままで融解しない。

⑥ 正しい。融解曲線，昇華圧曲線，蒸気圧曲線の3つの曲線が交わった点を三重点といい，固体，液体，気体の3つの状態が共存している。

⑦ 正しい。

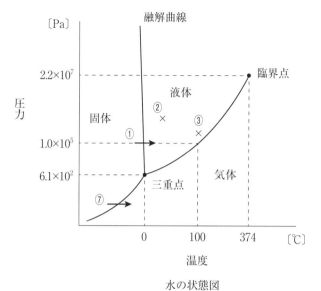

水の状態図

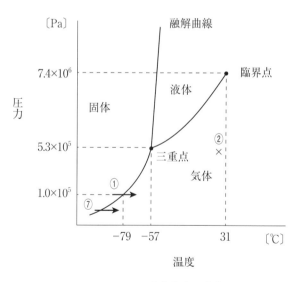

二酸化炭素の状態図

第4問 溶液

解説

問1　固体の溶解

　　溶液が関係した計算問題は，溶質，溶媒，溶液の各質量に分けて考えるとよい。60℃の溶液の組成は次のようになっている。

> 溶質の質量〔g〕NaNO$_3$：100
> 　　　　　　　　KNO$_3$：50
> 　溶媒の質量〔g〕：100
> 　溶液の質量〔g〕：250

　　温度を下げて結晶が析出しても，溶媒の量100 gは変わらない。

① 　正しい。溶解度曲線より，40℃の水100 gにはNaNO$_3$は106 g，KNO$_3$は64 gまで溶解するので，どちらも析出しない。

② 　正しい。60℃から温度を下げるとグラフより，100 gのNaNO$_3$が飽和溶液に達する温度は34℃，50 gのKNO$_3$が飽和溶液に達する温度は32℃であるから，先に析出する物質はNaNO$_3$である。

③ 　正しい。②より30℃ではどちらも析出している。

④ 　正しい。グラフより，10℃の飽和溶液の組成は次のようになっている。

> 溶質の質量〔g〕NaNO$_3$：80
> 　　　　　　　　KNO$_3$：22
> 　溶媒の質量〔g〕：100
> 　溶液の質量〔g〕：202

　　したがって，析出する結晶の質量はそれぞれ次のようになるので，析出量はKNO$_3$の方がNaNO$_3$より多い。

$\text{NaNO}_3：100-80=20 \text{ g}$

$\text{KNO}_3：50-22=28 \text{ g}$

⑤　誤り。④で示した 10 ℃ の溶液の組成から，KNO_3 の質量パーセント濃度は，

$$\frac{22}{202} \times 100 = 10.8 \text{ \%}$$

溶けている 80 g の NaNO_3 を忘れて，溶液の質量を 122 g としないように。

問2　気体の溶解

a　ア　正しい。気体の溶解度は，温度が高くなると減少する。これは，温度が高くなると，水和している気体分子が熱運動により分子間力を振り切って，大気中に飛び出すからである。

　　　イ　誤り。乾燥空気の酸素の組成は，体積比で約 20 ％ である。そのため，$1.0 \times 10^5 \text{ Pa}$ の空気中の酸素の分圧は，約 $0.2 \times 10^5 \text{ Pa}$ となっている。水に難溶性の気体はヘンリーの法則が成立する。すなわち，酸素の水への溶解量は，水に接している酸素の圧力（混合気体の場合には酸素の分圧）に比例するから，どちらの溶解量もほぼ同じとなる。

　　　ウ　正しい。缶の栓を開ける前は，缶の中の炭酸ガスの圧力に比例して溶解平衡に達している。大気中の炭酸ガスの圧力は，缶の中の炭酸ガスの圧力より小さいので，缶の栓を開けると溶けていた炭酸ガスが泡となって大気中に出ていく。

b　溶解平衡の状態にあるときの各気体の分圧と 1 L の水への溶解量（mol）は，

窒素の分圧 $= 1.0 \times 10^5 \times \dfrac{4}{5} = 8.0 \times 10^4 \text{ Pa}$

窒素の溶解量 $= 7.0 \times 10^{-4} \times \dfrac{8.0 \times 10^4}{1.0 \times 10^5} = 5.6 \times 10^{-4} \text{ mol}$

酸素の分圧 $= 1.0 \times 10^5 \times \dfrac{1}{5} = 2.0 \times 10^4 \text{ Pa}$

酸素の溶解量 $= 1.4 \times 10^{-3} \times \dfrac{2.0 \times 10^4}{1.0 \times 10^5} = 2.8 \times 10^{-4} \text{ mol}$

二酸化炭素の分圧 $= 1.0 \times 10^5 \times \dfrac{0.04}{100} = 4.0 \times 10 \text{ Pa}$

$$二酸化炭素の溶解量 = 4.0 \times 10^{-2} \times \frac{4.0 \times 10}{1.0 \times 10^{5}} = 1.6 \times 10^{-5} \, \text{mol}$$

したがって，水に溶けた気体の二酸化炭素の占める割合は，

$$\frac{1.6 \times 10^{-5}}{5.6 \times 10^{-4} + 2.8 \times 10^{-4} + 1.6 \times 10^{-5}} \times 100 = 1.9 \, \%$$

問3　溶液の性質

① 正しい。不揮発性の溶質を溶かした水溶液は，同じ温度の純水に比べて蒸気圧が低くなるため，海水で濡れたタオルは，水の蒸発速度が遅くなり，乾きにくい。

② 正しい。半透膜を通過しない溶質を溶かした水溶液と純水が，半透膜を隔てて接すると，浸透圧が生じ溶媒である水が純水側から水溶液側へと移動する現象(浸透)が観察される。赤血球を純水中に入れると，赤血球の膜は半透膜としての働きを示すため，水が赤血球中に浸透して，赤血球は膨張して破裂する。赤血球中の細胞液と同じ浸透圧を示す食塩水(生理食塩水)に赤血球を保存すれば，浸透の現象は起きないので，赤血球が膨張して破裂することはない。

③ 正しい。不揮発性の溶質を溶かした水溶液は，純水に比べて水が凝固する温度が低くなる (凝固点降下)。液体の水が凍ると体積が増加するので，冷却水が凍結すると細管が破裂する場合がある。エチレングリコールなどを溶かした水溶液を冷却水として用いれば，0℃以下になる冬季においても冷却水が凍結することはない。

④ 誤り。液体の沸点は外圧によって変化する。沸騰は液体の蒸気圧が外圧に等しくなったときに起こるので，外圧が高くなると液体の沸点は高くなり，外圧が低くなると液体の沸点は低くなる。すなわち，圧力がまの中では水の沸点は100℃より高く，外圧の低い高地では水の沸点は100℃より低くなる。しかし，この現象は沸点上昇ではない。外圧が同じ条件において，不揮発性の溶質を溶かした水溶液は，純水に比べて沸点が高くなる現象が沸点上昇である。

⑤ 正しい。疎水コロイドは少量の塩で沈殿するが，親水コロイドは多量の塩を加えないと沈殿しない。前者の現象を凝析，後者の現象を塩析という。こ

れは，疎水コロイドは電荷の反発力のみで安定に存在しており，少量の塩で
その反発力が失われるためである。一方，親水コロイドはコロイド表面に多
数の水分子を引きつけて安定に存在しているため，多量の塩を加えて初めて
その水分子が取り除かれるためである。炭素粒子は疎水コロイドであるため
不安定であるが，親水コロイドである「にかわ（動物の骨や皮から得られる
タンパク質）」を加えると，炭素粒子の表面を「にかわ」が取り囲むため，炭
素コロイドが安定になる。「にかわ」が保護作用を示し，このような作用を示
す親水コロイドを保護コロイドという。一般に，無機物のコロイドは疎水コ
ロイド，有機物のコロイドは親水コロイドとなる。

問4　凝固点降下

凝固点降下度 Δt は，溶液の質量モル濃度 m〔mol/kg〕に比例する。

$$\Delta t = km \quad (k：モル沸点上昇)$$

ここで，分子量 M の非電解質 w〔g〕を V〔g〕の溶媒にとかした場合，

$$m = \frac{w}{M} \times \frac{1000}{V}$$

凝固点降下度は溶けている溶質の大きさや形には関係しないので，電解質の
場合にはイオンの総濃度が m となる。

A　グルコースは非電解質なので，$m = \frac{1}{180} \times \frac{1000}{100} = \frac{1}{18}$ mol/kg

B　尿素は非電解質なので，$m = \frac{1}{60} \times \frac{1000}{500} = \frac{1}{30}$ mol/kg

C　臭化ナトリウム NaBr は電解質であり，次のように電離する。

$$NaBr \longrightarrow Na^+ + Br^-$$

イオンの総濃度は，$m = \frac{1}{103} \times 2 \times \frac{1000}{500} = \frac{1}{25.7}$ mol/kg

m の値はA＞C＞Bなので，凝固点降下度の大きさもA＞C＞Bとなり，
凝固点の大きさはB＞C＞Aとなる。凝固点降下度の大小関係と凝固点の大
小関係は逆になることに注意しよう。

問5　蒸気圧と沸点

溶液の質量モル濃度に比例して蒸気圧は低下する。同じ温度で蒸気圧を比較

すると，アが最も高く，ウが最も低いので，アが純水，イが1mol/kgの水溶液，ウが2mol/kgの水溶液である。ウの水溶液の沸点が102℃になるときの外圧は，次の図の点Aで示される蒸気圧P_Aと同じなので，グラフよりアの沸点は点Bの99℃となる。

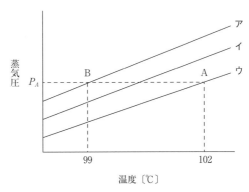

問6　浸透圧

a　浸透圧 Π〔Pa〕は，溶液のモル濃度を c〔mol/L〕，絶対温度を T〔K〕とすると，ファント・ホッフの法則より，次の式で示される。

$$\Pi = cRT$$

浸透圧は溶媒を引きつける力であり，その大きさは濃度に比例するので，水はA側からB側へ移動し，B側の液面の方が高くなる。

また，電解質の場合には浸透圧はイオンの総モル濃度に比例する。A側とB側の液面が等しくなった状態が平衡状態なので，平衡状態ではA側のNaCl水のイオンの総濃度とB側のスクロースの濃度が等しくなっている。したがって，A側に x〔mol〕のNaClを加え，平衡に達したときのA，Bの水溶液の体積をそれぞれ V〔mL〕とすると，次の式が成立する。

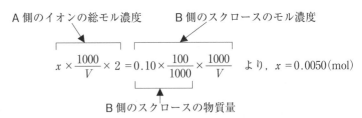

b 溶液の体積を V 〔L〕，溶質の物質量を n 〔mol〕，溶質の質量を w 〔g〕，溶質の分子量を M とすると，前述の式は次のように表される。

$$\Pi V = nRT = \frac{w}{M}RT$$

したがって，

$$8.3 \times 10^2 \times 10 \times 10^{-3} = \frac{0.050}{M} \times 8.3 \times 10^3 \times 300 \quad より，\quad M = 1.5 \times 10^4$$

問7　コロイド

① 誤り。少量の塩を加えて沈殿が生じたことから，疎水コロイドである。疎水コロイドに少量の塩を加えると沈殿が生じる現象を凝析という。

② 正しい。コロイドのもつ電荷と反対符号で，価数の大きいイオンほど，小さい物質量で凝析を起こす。

$$K_2SO_4 \longrightarrow 2K^+ + SO_4{}^{2-}$$
$$KCl \longrightarrow K^+ + Cl^-$$
$$CaCl_2 \longrightarrow Ca^{2+} + 2Cl^-$$

　K_2SO_4 が最も小さい物質量で凝析を起こしたことから，陰イオンの価数が最も大きい $SO_4{}^{2-}$ のためと考えられる。したがって，このコロイドは正に帯電しており，電気泳動をすると陰極に移動する。

　なお，イオンの数より電荷の大きさの方が，凝析に対しては効果的なので，$SO_4{}^{2-}$ と $2Cl^-$ では $SO_4{}^{2-}$ の方が凝析を起こしやすい。

③ 誤り。親水コロイドに多量の塩を加えて沈殿する現象が塩析である。

④ 誤り。コロイド溶液に細い光線を当てると，光の進路が明るく見える現象をチンダル現象という。コロイド溶液に横から強い光を当てることができる限外顕微鏡を用いると，コロイド粒子を不規則な運動をしている輝く点として観察できる。この現象をブラウン運動という。

⑤ 誤り。イオンや低分子はセロハン膜を通過できるが，コロイド粒子は通過できないので，流水中にコロイド溶液を入れたセロハン袋を浸すと，イオンや低分子は流水中に移動するが，コロイド粒子は移動しない。この現象を利用してコロイドを精製する操作を，透析という。

物質の変化

第1問 物質のエネルギーとその変化

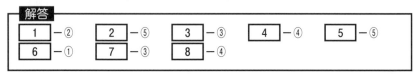
解説

問1 生成エンタルピーと燃焼エンタルピー

① 正しい。1 mol の物質がその成分元素の安定な単体から生成するときの反応エンタルピーを生成エンタルピーといい，正の値になったり負の値になったりする。(2)式は CO の生成エンタルピーを表し，(4)式の反応エンタルピーは H_2O(液)の生成エンタルピーの 2 倍となっている。

② 誤り。(1)式の反応エンタルピーは CO の燃焼エンタルピーであるが，(2)式の反応エンタルピーは黒鉛の燃焼エンタルピーではなく，CO の生成エンタルピーである。燃焼エンタルピーは，1 mol の物質が完全燃焼するときの反応エンタルピーであるので，物質中に含まれる炭素原子が完全燃焼すると二酸化炭素になる。(2)式では，炭素が一酸化炭素になっているので，燃焼エンタルピーを表すものではない。

③ 正しい。(1)式 +(2)式より，次のエンタルピー変化を付した反応式が得られる。

$$C(黒鉛) + O_2(気) \longrightarrow CO_2(気) \qquad \Delta H = -394 \text{ kJ}$$

この反応エンタルピーは黒鉛の燃焼エンタルピーであり，CO_2 の生成エンタルピーでもある。

または，反応エンタルピーと生成エンタルピーの次の関係式を用いて解いてもよい。

> 反応エンタルピー＝(右辺の物質の生成エンタルピーの和) －
>
> (左辺の物質の生成エンタルピーの和)

上記の関係式をどこに適用するかがポイントである。CO_2 の生成エンタ

ルピーを求めるのであるから，CO_2 が記されている(1)式に適用する。安定な単体の生成エンタルピーは0であるから，

$\qquad -283 = (CO_2 \text{ の生成エンタルピー}) - (CO \text{ の生成エンタルピー})$

CO_2 の生成エンタルピーを x〔kJ/mol〕とすると，

$\qquad -283 = x - (-111)$

$\qquad x = -394 \text{ kJ/mol}$

④ 正しい。CH_4 の燃焼エンタルピーを y〔kJ/mol〕とすると，反応エンタルピーと燃焼エンタルピーの関係式を(3)式に適用すると，

$\qquad -608 = y - (CO \text{ の燃焼エンタルピー})$

$\qquad\qquad = y - (-283)$

$\qquad y = -891 \text{ kJ/mol}$

⑤ 正しい。CH_4 の生成エンタルピーを z〔kJ/mol〕とすると，反応エンタルピーと生成エンタルピーの関係式を(3)式に適用すると，

$\qquad -608 = (CO \text{ の生成エンタルピー} + 2 \times H_2O \text{(液)の生成エンタルピー})$

$\qquad\qquad\qquad\qquad\qquad\qquad\qquad - (CH_4 \text{ の生成エンタルピー})$

$\qquad = \{-111 + (-572)\} - z$

$\qquad z = -75 \text{ kJ/mol}$

問2 燃焼エンタルピー

a 与えられた反応を(1)，(2)とすると，

$\qquad CH_4\text{(気)} + 2\,O_2\text{(気)} \longrightarrow CO_2\text{(気)} + 2\,H_2O\text{(液)}$

$\qquad\qquad\qquad\qquad\qquad\qquad\qquad\qquad \Delta H_1 = -891 \text{kJ} \quad \cdots\cdots (1)$

$\qquad CH_4\text{(気)} + \dfrac{3}{2}O_2\text{(気)} \longrightarrow CO\text{(気)} + 2\,H_2O\text{(液)}$

$\qquad\qquad\qquad\qquad\qquad\qquad\qquad\qquad \Delta H_2 = -608 \text{kJ} \quad \cdots\cdots (2)$

(1)−(2)より，

$\qquad CO\text{(気)} + \dfrac{1}{2}O_2\text{(気)} \longrightarrow CO_2\text{(気)} \qquad\qquad \Delta H_3 = -283 \text{kJ}$

したがって，CO の燃焼エンタルピーは -283 kJ/mol となる。

または，反応エンタルピーと燃焼エンタルピーの次の関係式を用いて解いてもよい。

— 25 —

> 反応エンタルピー＝（左辺の物質の燃焼エンタルピーの和）－
> （右辺の物質の燃焼エンタルピーの和）

　　上記の関係式をどこに適用するかがポイントである。CO の燃焼エンタルピーを求めるのであるから，CO が記されている (2) 式に適用する。O_2 と H_2O（液）の燃焼エンタルピーは 0 であるから，

　　　　$-608 = $（$CH_4$ の燃焼エンタルピー）$-$（CO の燃焼エンタルピー）

　　CO の燃焼エンタルピーを x 〔kJ/mol〕とすると，

　　　　$-608 = -891 - x$

　　　　$x = -283 \, \text{kJ/mol}$

b　1.0 mol の CH_4 のうち，y〔mol〕が (1) 式で CO_2 に変化し，$1.0 - y$〔mol〕が (2) 式で CO に変化したとすると，

　　　　$834 = 891 y + 608 (1 - y)$

　　　　$y = 0.798 \, \text{mol}$

　　したがって，反応した O_2 の物質量は，

　　　　$2y + \dfrac{3}{2}(1.0 - y) = 1.9 \, \text{mol}$

問3　溶解エンタルピーと中和エンタルピー

a　容器が完全に断熱になっており，溶解によって発生した熱がすべて溶液の温度上昇に使われるならば，すべての NaOH が溶けて最高の温度に達した後は温度が一定に保たれる。したがって，次の図のグラフⅠとなるので，最高の温度を読み取ればよい。しかし，実際は容器が完全な断熱ではなく，一部の熱は温度上昇に使われないので，最高の温度に達した後は溶液の温度は下がっていくグラフⅡとなる。Ⅱのグラフでは，最高の温度に達した後は，最初は温度が時間に対して直線的に下がっていくので，NaOH が溶けているアからイの間も同じ直線にしたがって下がっていったであろうと予想される。したがって，グラフⅡの直線の延長線と NaOH を投入した時間との交点の温度 36 ℃を読み取るのが正しい。

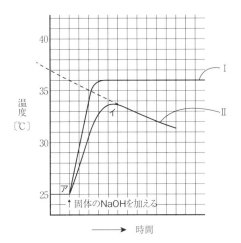

次に，この水溶液 1 g の温度を 1 K 上昇させるのに必要な熱量は 4.2×10^{-3} kJ であるから，水溶液 500 g の温度を 36 ℃ − 25 ℃ = 11 ℃ 上昇させるのに必要な熱量〔kJ〕は，

$4.2 \times 10^{-3} \times 500 \times 11 = 23.1$ kJ

この値は $\dfrac{20}{40}$ mol の NaOH を溶かしたときに発生した熱量である。1 mol の物質を多量の溶媒に溶かしたときの反応エンタルピーが溶解エンタルピーである。温度が上がっていることから，この反応は発熱反応であり，溶解エンタルピーは負の値となる。その値は次のようになる。

$-23.1 \times 2 = -46.2$ kJ/mol

b　Q の値は，NaOH の溶解エンタルピーと NaOH と HCl の中和エンタルピーの和に等しい。

溶解エンタルピーは a より，−46.2 kJ/mol である。中和エンタルピーを求めるためには，何モルの NaOH と HCl が反応したかを確認する必要がある。

反応前に存在していた NaOH の物質量：$\dfrac{20}{40} = 0.50$ mol

反応前に存在していた HCl の物質量：$2.0 \times \dfrac{500}{1000} = 1.0$ mol

したがって，0.50 mol の HCl と NaOH が中和反応を行い，そのとき発生した熱 A〔kJ〕が，1000 g の溶液の温度を $31.7-25=6.7$℃上昇させたので，
$$A = 4.2 \times 10^{-3} \times 1000 \times 6.7 = 28.1 \text{ kJ}$$

中和エンタルピーは酸の水溶液と塩基の水溶液が中和して 1 mol の H_2O が生じるときの反応エンタルピーである。A の値は発熱反応であるため，中和エンタルピーは負の値となる。

中和エンタルピー：$-28.1 \times 2 = -56.2 \text{ kJ/mol}$

したがって，
$$Q = -46.2 + (-56.2) = -102.4 \text{ kJ}$$

問4　結合エネルギー

a　結合エネルギーは正の値になるように定義されている。

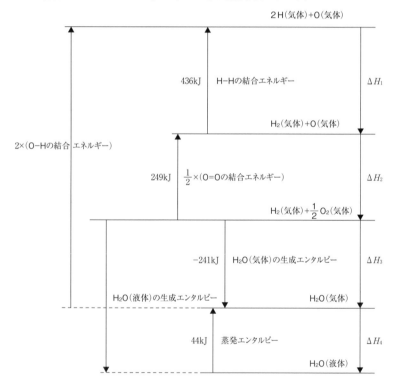

① 誤り。水の蒸発エンタルピーは 44 kJ/mol である。

② 正しい。O-H の結合エネルギー $= \dfrac{436 + 249 + 241}{2} = 463$ kJ/mol

③ 正しい。

④ 正しい。液体の水の生成エンタルピー $= -241 + (-44) = -285$ kJ/mol

⑤ 正しい。O_2 の結合エネルギー $= 2 \times 249 = 498$ kJ/mol

b 結合エネルギーや状態変化に伴うエンタルピー変化を化学反応式で表す場合，結合を切る変化で表すと発熱反応となり，結合が生じる変化で表すと吸熱反応となる。したがって，それぞれの反応のエンタルピー変化は次のようになる。

結合を切る変化：H_2(気体) $\longrightarrow$ 2 H(気体)　　$\Delta H = 436$ kJ

結合が生じる変化：2 H(気体) $\longrightarrow$ H_2(気体)　　$\Delta H = -436$ kJ

結合エネルギーは正の値となるように定義されているので，どちらの反応からも，H_2 の結合エネルギーは 436 kJ/mol となる。また，

(2)式より，1652 $= 4 \times$（C-H の結合エネルギー）

(3)式より，2826 $=$（C-C の結合エネルギー）$+$

$6 \times$（C-H の結合エネルギー）

上記の 2 式より，C-H と C-C の結合エネルギーは求まる。

また，結合エネルギーの計算は，反応エンタルピーと結合エネルギーの次の関係式を利用して解くとよい。

> 反応エンタルピー $=$（左辺の物質の結合エネルギーの和）$-$
>
> （右辺の物質の結合エネルギーの和）

上記の関係式をどこに適用するかがポイントである。C=C の結合エネルギーを求めるのであるから，まず，C=C の結合をもつエチレン C_2H_4 が記されている (4)式に適用してみる。C=C の結合エネルギーを x〔kJ/mol〕，C-H の結合エネルギーを A〔kJ/mol〕とすると，(3)式より 1 mol の C_2H_6 中に含まれる結合エネルギーの総和は 2826 kJ であるから，

$-150 = (4A + x + 436) - 2826$

ここで，CH_4 分子中には 4 個の C-H の結合が存在するから，(2)式より

$4A = 1652$

したがって,

$x = 588 \text{ kJ/mol}$

問5 化学反応の自発的変化

　　物質はエンタルピー H が高いほど不安定なため,一般的には,吸熱反応
($\Delta H > 0$)は起こりにくく,発熱反応($\Delta H < 0$)は起こりやすいことが予想
される。しかし,身の回りにおける状態変化や化学反応において,吸熱反応で
も自発的に進行するものが存在する。このことは,化学反応の自発的な変化が,
エンタルピーの増減だけで決定されるものではなく,物質の持つ乱雑さも関係
している。乱雑さはエントロピー S という量で定義され,一般的には,エント
ロピーが増大する方向に反応は進行しやすい。すなわち,エンタルピーが減少
してエントロピーが増大するほど,状態変化や化学反応は自発的に進行しやす
いことが予想される。

① 　正しい。融解は,吸熱反応であるためエンタルピーの効果からは起こりに
　くい反応であるが,エントロピーが増大するため起こりやすい。

② 　正しい。凝固は,エントロピーが減少するため起こりにくいが,発熱反応
　であるためエンタルピーの変化からは起こりやすい。

③ 　正しい。溶解エンタルピーが負の値から NaOH の溶解は発熱反応である
　ため起こりやすく,NaOH の水への溶解はエントロピーが増大する変化であ
　ることからも反応は起こりやすい。

④ 　誤り。1 mol の気体のアンモニアと 1 mol の気体の塩化水素から,1 mol
　の固体の塩化アンモニウムが生じるため,気体から固体への変化と粒子数の
　減少のため,エントロピーは減少する。したがって,エントロピーの変化か
　らは反応は起こりにくいと予想されるが,容易に反応が起こることから,エ
　ンタルピーが減少する発熱反応であると考えられる。

第2問 電池と電気分解

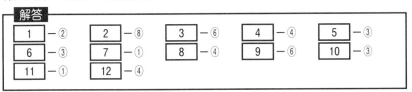
解説

問1 ダニエル電池

a ダニエル電池のように,電極に2種類の金属,電解液にその金属の塩の水溶液を用いると,イオン化傾向の大きい方の金属が負極,小さい方の金属が正極となり,2種類の金属のイオン化傾向の差が大きいほど起電力は大きくなる。したがって,亜鉛板が負極,銅板が正極となり,放電中はそれぞれ次の反応が起きている。

> 負極（亜鉛板）$Zn \longrightarrow Zn^{2+} + 2e^-$
> 正極（銅板）$Cu^{2+} + 2e^- \longrightarrow Cu$

① 正しい。負極の反応は変わらないが,正極の反応は次のようになり,H_2 が発生する。

> 正極（銅板）$2H^+ + 2e^- \longrightarrow H_2$

② 誤り。電解液中の陰イオンの流れる方向は,外部回路の導線中の電子の流れる方向と同じである。亜鉛板が負極であるから,電子は導線中を亜鉛板から銅板に向かって流れるので,陰イオンは硫酸銅(Ⅱ)水溶液側から硫酸亜鉛水溶液側に向かって移動する。

③ 正しい。電子は導線中を亜鉛板から銅板に向かって流れる。

④ 正しい。素焼き板は,熱運動によりイオンや分子が両電解液間を簡単に移動するのを防ぐ働きをしている。Cu^{2+} が硫酸亜鉛水溶液側に移動すると,亜鉛板の表面で Cu^{2+} が電子を受け取って銅が析出するため,外部回路に電子が流れなくなる。なお,放電中は両電解液間に電位差が生じるので,陽イオンは細かい穴が存在している素焼き板を通過して,硫酸亜鉛水溶液側から硫酸銅(Ⅱ)水溶液側に移動し,陰イオンは反対向きに移動して,両電解液間に電流が流れる。このとき,Cu^{2+} は硫酸亜鉛水溶液側にはほとんど移動しないので,亜鉛板の表面に銅は析出しない。素焼き板のかわ

りに鉄板を用いると，イオンが通過できないので，電気は流れない。

⑤　正しい。電池全体の反応は次のようになる。

$$Zn + Cu^{2+} \longrightarrow Zn^{2+} + Cu$$

電池を長時間使い続けると，電球が消えるのは，上記の反応が平衡状態に達するからである。Cu^{2+}の濃度を大きくすると，起電力は大きくなり，平衡に達するまでの時間は長くなるので，電球はより長い時間点灯する。

b　銅が2.00×10^{-3} mol 析出すると，

流れた電子の物質量：4.00×10^{-3} mol

溶解する亜鉛の物質量：2.00×10^{-3} mol

したがって，

回路を流れた電気量：$9.65 \times 10^4 \times 4.00 \times 10^{-3} = 3.9 \times 10^2$ C

溶解した亜鉛の質量：$65 \times 2.00 \times 10^{-3} \times 10^3 = 130$ mg

問2　イオン化傾向と電池

イオン化傾向の大きい方の金属が，負極となって電極が溶解するため，質量が減少する。また，イオン化傾向の差が大きいほど起電力は大きくなる。アよりイの方がイオン化傾向が大きく，アとイのイオン化傾向の差が最も大きい組合せを選択すればよい。したがって，⑥の銀と亜鉛の組合せとなる。

イオン化傾向：Li K Ca Na Mg Al $\boxed{Zn}$ Fe Ni Sn Pb H₂ $\boxed{Cu}$ Hg $\boxed{Ag}$ Pt Au

イ　　　　　　　　　　　　　　　　　ア

問3　燃料電池

通常，電池では負極，正極を判断し，それぞれの電極における電子を含むイオン反応式を書いてから，電池全体の反応をつくる。しかし，燃料電池では，先に電池全体の反応式を書いてから，負極，正極を判断し，それぞれの電極における電子を含むイオン反応式をつくるとよい。

1．燃料ということから，H_2 の燃焼反応が電池全体の反応である。

$$2H_2 + O_2 \longrightarrow 2H_2O$$

2．H 原子の酸化数が 0 から +1 に増加し，O 原子の酸化数が 0 から -2 に減少しているので，H_2 を吹き込んでいる方が負極，O_2 を吹き込んでいる

方が正極である。

3．負極(H_2)：$H_2 \longrightarrow 2H^+ + 2e^-$

正極(O_2)：$O_2 + 4H^+ + 4e^- \longrightarrow 2H_2O$

1 mol の H_2 が消費されると，2 mol 電子が流れる。すなわち，標準状態で 22.4 L の H_2 が消費されると，$9.65 \times 10^4 \times 2 = 19.3 \times 10^4$ C の電気量が得られるので，④のグラフとなる。

問4　鉛蓄電池

a　放電時における鉛蓄電池の負極，正極および電池全体の反応を次に示す。また，放電時の逆反応が充電時における反応である。

負極(電極 A)：$Pb + SO_4^{2-} \longrightarrow PbSO_4 + 2e^-$

正極(電極 B)：$PbO_2 + SO_4^{2-} + 4H^+ + 2e^- \longrightarrow PbSO_4 + 2H_2O$

電池全体：$Pb + PbO_2 + 2H_2SO_4 \longrightarrow 2PbSO_4 + 2H_2O$

① 正しい。放電すると，電解液中の SO_4^{2-} は水に溶けにくい $PbSO_4$ に変化して電極の表面に付着するので，電解液中の SO_4^{2-} は減少する。一方，充電時の変化は放電時の変化の逆反応なので，電解液中の SO_4^{2-} は増加する。

② 正しい。放電時に，負極では 1 mol の Pb が 1 mol の $PbSO_4$ に変化し，正極では 1 mol の PbO_2 が 1 mol の $PbSO_4$ に変化するので，両極ともに質量は増加する。充電時の変化は放電時の逆反応なので両極ともに質量は減少する。

③ 誤り。H_2 は発生しないが，放電すると電解液中では H_2SO_4 がなくなり H_2O が生じるので，水素イオンの物質量は減少する。

④ 正しい。充電するには，外部回路の導線中に放電時と逆方向に電子を流せばよい。放電時には負極から外部回路に向かって電子が流れ出るので，充電時には負極に電子が流れ込めばよいから，鉛蓄電池の負極に外部電源の負極を接続する。

⑤ 正しい。密度 $= \dfrac{質量}{体積}$ である。放電により 1 mol の H_2SO_4 がなくなると 1 mol の H_2O が生じるので，電解液の質量は減少するが，放電しても電解液の体積はほとんど変化しないので，密度は減少する。

b　2 mol の電子を放電したときの各電極の質量変化は，

　　負極：1 mol の Pb → 1 mol の $PbSO_4$ より，96 g の質量増

　　正極：1 mol の PbO_2 → 1 mol の $PbSO_4$ より，64 g の質量増

　したがって，正極の質量が 6.4 g 増加すると，放電した電子の物質量は，

$$\frac{6.4}{64} \times 2 = 0.20 \text{ mol}$$

　i〔A〕の電流を t〔秒〕間通じた時の電気量は，

　it〔C〕

　すなわち流れた電子の物質量は，

$$\frac{it}{9.65 \times 10^4} \text{〔mol〕}$$

　流れた電流を x〔A〕とすると，

$$0.20 = \frac{x \times 9650}{9.65 \times 10^4} \quad \text{より，}$$

$$x = 2.0 \text{ A}$$

問 5　水溶液の電気分解

電池の正極，負極の定義，電気分解の陽極，陰極の定義は，

　正極：放電時に外部回路から電子が流れ込む電極。

　負極：放電時に外部回路に向かって電子が流れ出る電極。

　陽極：電池の正極に接続された電極。

　陰極：電池の負極に接続された電極。

電気分解では，次の順序で問題を把握するとよい。

⑴　電池の正極，負極を確認して，それらの定義にしたがい外部回路の導線
　　に電子の流れる方向をかき込む。

⑵　電解液中にイオンの流れる方向をかき込む。このとき，陰イオンは外部
　　回路に流れる電子と同じ方向に，陽イオンは陰イオンと逆方向になる。

⑶　定義にしたがい，電気分解の陽極，陰極を判断する。

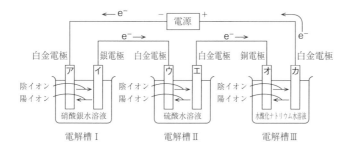

電解槽Ⅰ　　　　　　　電解槽Ⅱ　　　　　　　電解槽Ⅲ

(4) 陽極で起こっている変化を，電子を含むイオン反応式で表す。

　(i) 電極が C，Pt 以外の金属ならば，電極の溶解反応となる。

　(ii) 電極が C，Pt の場合

　　　1．F⁻ を除くハロゲン化物イオンが存在すれば，ハロゲン化物イオン
　　　　X⁻ → X₂ の変化をイオン反応式で表す。

　　　2．ハロゲン化物イオンがなければ，塩基性ならば OH⁻ → O₂ の変化を，
　　　　中性～酸性ならば H₂O → O₂ の変化をイオン反応式で表す

(5) 陰極で起こっている変化を，電子を含むイオン反応式で表す。

　　電解液中に存在する陽イオンの中で，イオン化傾向の最も小さい陽イオ
　ンの単体が発生または析出する変化を，イオン反応式で表す。

　　H₂ が発生する場合，酸性ならば H⁺ → H₂ の変化を，中性～塩基性なら
　ば H₂O → H₂ の変化をイオン反応式で表す。

　電解槽Ⅰ

　　ア（陰極）$Ag^+ + e^- \longrightarrow Ag$

　　イ（陽極）$Ag \longrightarrow Ag^+ + e^-$

　電解槽Ⅱ

　　ウ（陰極）$2H^+ + 2e^- \longrightarrow H_2$

　　エ（陽極）$2H_2O \longrightarrow O_2 + 4H^+ + 4e^-$

　電解槽Ⅲ

　　オ（陰極）$2H_2O + 2e^- \longrightarrow H_2 + 2OH^-$

　　カ（陽極）$4OH^- \longrightarrow O_2 + 2H_2O + 4e^-$

a　①　正しい。アでは Ag が析出するため電極の質量は増加し，イでは電極

が溶解するため質量は減少する。

② 誤り。ウとオではともに H_2 が発生する。

③ 誤り。アで析出する Ag^+ とイで溶解する Ag の物質量は等しいので，電解液中の Ag^+ の濃度は変わらない。

④ 誤り。電解槽Ⅱ全体では次の変化が起きている。

$$2\,H_2O \longrightarrow O_2 + 2\,H_2$$

したがって，H_2SO_4 の物質量は変化しないが，溶媒の H_2O が減少しているので硫酸の濃度は大きくなる。

⑤ 誤り。電解槽Ⅲ全体では次の変化が起きている。

$$2\,H_2O \longrightarrow O_2 + 2\,H_2$$

したがって，NaOH の物質量は変化しないが，溶媒の H_2O が減少しているので水酸化ナトリウムの濃度は大きくなる。

b 電解槽Ⅱ全体では次の変化が起きている。

$$2\,H_2O \longrightarrow O_2 + 2\,H_2$$

4mol の電子が流れると，1 mol の O_2 と 2 mol の H_2 が発生するため，発生する気体の総物質量は 3 mol となる。

流れた電子の物質量は，

$$\frac{0.965 \times 5 \times 60}{9.65 \times 10^4} = 3.0 \times 10^{-3}\,mol$$

したがって，発生した気体の総物質量は，

$$3 \times \frac{3.0 \times 10^{-3}}{4} = 2.3 \times 10^{-3}\,mol$$

問6 ファラデーの法則

金属イオンが析出する反応は，

$$M^{x+} + xe^- \longrightarrow M$$

ファラデー定数を F〔C/mol〕とすると，1 mol の電子が流れると $\frac{1}{x}$ mol の金属が析出するので

$$\frac{Q}{F} \times \frac{1}{x} = \frac{w}{A} より，$$

$$F = \frac{AQ}{xw}\ 〔C/mol〕$$

問7 イオン交換膜法

a 陽極(炭素)　$2\,Cl^- \longrightarrow Cl_2 + 2\,e^-$

　　陰極(鉄)　　$2\,H_2O + 2\,e^- \longrightarrow H_2 + 2\,OH^-$

　　電解槽全体　$2\,NaCl + 2\,H_2O \longrightarrow Cl_2 + H_2 + 2\,NaOH$

　　電解液では，陽極側から陰極側に向かって Na^+ が移動してくるため，陰極側に $NaOH$ が生じる。

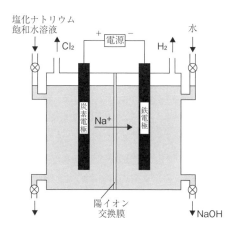

b　$2\,mol$ の電子を通じると $2\,mol$ の $NaOH$ が生じるから，流れた電気量を $x\,[C]$ とすると，

　　　生じた $NaOH$ の物質量＝流れた電子の物質量より，

$$\frac{1.0}{40} = \frac{x}{9.65 \times 10^4}$$

$$x = 2.4 \times 10^3\,C$$

問8 電解精錬

① 正しい。電解液に硫酸銅(Ⅱ)水溶液，陽極に粗銅，陰極に純銅を用いて電気分解すると，

　　陽極　$Cu \longrightarrow Cu^{2+} + 2\,e^-$

　　　　　$Zn \longrightarrow Zn^{2+} + 2\,e^-$

　　陰極　$Cu^{2+} + 2\,e^- \longrightarrow Cu$

② 正しい。銅よりイオン化傾向の大きい亜鉛は，陽極で放電して溶け出すが，陰極では析出しないのでイオンとして溶液中にとどまる。銅よりイオン化傾向の小さい銀は，陽極で放電しないので単体のまま陽極の下に沈殿する。

③ 正しい。陽極では電極の溶解が起こるので，電極の質量は減少し，陰極では銅が析出するので，電極の質量は増加する。

④ 誤り。通じた電気量は，陽極では銅と亜鉛の溶解に使われるが，陰極では銅の析出にしか使われないので，陽極で溶解する銅の物質量より陰極で析出する銅の物質量の方が多くなる。したがって，電気分解が進むにつれ，溶液中の Cu^{2+} の物質量は減少し，減少した Cu^{2+} の物質量と同じ物質量の Zn^{2+} が増加する。

第3問　反応速度と化学平衡

解答

1 － ④	2 － ②	3 － ④	4 － ②	5 － ⑥
6 － ②	7 － ①	8 － ②	9 － ①	10 － ②
11 － ③	12 － ④	13 － ③	14 － ⑤	15 － ④
16 － ①	17 － ②			

解説

問1　活性化エネルギーと速度式

①　正しい。反応物質が衝突しただけでは，反応が起こるとはかぎらない。図1の E_3 のエネルギーをもつ遷移状態(活性化状態)に達する分子どうしの衝突だけが，生成物質に変化することができる。この遷移状態にするために必要なエネルギーを活性化エネルギーといい，その値は $E_3 - E_1$ となる。

②　正しい。生成物質のもつエネルギーと反応物質のもつエネルギーの差が反応エンタルピーとなる，その値は $E_2 - E_1$ となり，吸熱反応となる。

③　正しい。化学反応式の係数比より，HI の濃度の減少速度は，H_2 の濃度の増加速度の2倍となる。

④　誤り。比例定数 k は反応速度定数とよばれ，反応物質の濃度には関係せず，温度が一定ならば一定の値を示し，温度が高くなれば大きくなる。

⑤　正しい。温度を変化させると，反応物質のもつエネルギーが変化するが，活性化エネルギーは変わらない。

問2　反応のしくみ

①　正しい。温度を高くすると，高いエネルギーをもつ分子の割合が増加するため，遷移状態に達する分子の割合が増えて反応速度は大きくなる。

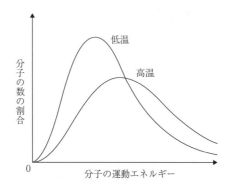

② 誤り。触媒を用いると，活性化エネルギーの小さい反応経路を経て反応が
進行するので，反応の速さは大きくなる。このとき，逆反応の活性化エネル
ギーも小さくなるので，逆反応の速さも大きくなる。

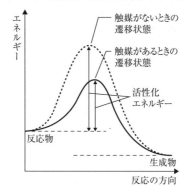

③ 正しい。濃度を大きくすると反応の速さが大きくなるのは，単位時間当た
りの衝突回数が増加するからである。

④ 正しい。触媒を用いると活性化エネルギーが小さい別経路を通ることにな
る。

⑤ 正しい。正反応の速さと逆反応の速さが等しくなり，見かけ上反応が停止
した状態が平衡状態である。正反応と逆反応の速さの差が，見かけの反応の
速さになるので，平衡状態に達すると見かけの反応の速さは0になる。

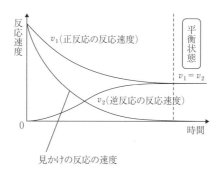

見かけの反応の速度

問3 可逆反応と平衡状態

　　平衡状態に達しても右向きの反応と左向きの反応は起こっているので，物質中の原子の組み換えが起こっている。

　　　　質量の異なる H_2 分子は3種類：$^1H-^1H$，$^1H-^2H$，$^2H-^2H$

　　　　質量の異なる HI 分子は2種類：^1H-I，^2H-I

　　　　I_2 分子は1種類

　　したがって，質量の異なる分子は，全部で6種類存在する。

問4 化学平衡の法則

　a 問題文を把握するためには，反応前後の各物質の物質量を追いかけるとともに，反応前後の圧力 P〔Pa〕，体積 V〔L〕，気体の総物質量 n〔mol〕，絶対温度 T〔K〕を確認する。

	N_2	$+ 3H_2$	$\rightleftharpoons 2NH_3$	P	V	n	T
反応前 （mol）	0.90	2.7	0	P_1	10	3.6	473
変化量 （mol）	-0.60	-1.8	$+1.2$				
反応後 （mol）	0.30	0.90	1.2	P_2	10	2.4	473

　　したがって，平衡に達したときの H_2 の物質量は 0.90 mol である。

　b 化学平衡の法則より，この反応の平衡定数 K は，

$$K = \frac{[NH_3]^2}{[N_2][H_2]^3} = \frac{\left(\dfrac{1.2}{10}\right)^2}{\dfrac{0.30}{10} \times \left(\dfrac{0.90}{10}\right)^3} = 6.6 \times 10^2 \ (L/mol)^2$$

c K_p と K の関係は，状態方程式から求められる。

$PV = nRT$ より $P = \dfrac{n}{V}RT$

すなわち，

窒素の分圧　$P_{N_2} = [N_2]RT$

水素の分圧　$P_{H_2} = [H_2]RT$

アンモニアの分圧 $P_{NH_3} = [NH_3]RT$

したがって，

$$K_p = \frac{P_{NH_3}{}^2}{P_{N_2} \times P_{H_2}{}^3} = \frac{([NH_3]RT)^2}{[N_2]RT([H_2]RT)^3}$$

$$= \frac{[NH_3]^2}{[N_2] \times [H_2]^3} \times \frac{1}{(RT)^2} = \frac{K}{(RT)^2}$$

問5　ルシャトリエの原理

化学反応が平衡状態にあるとき，ある条件(温度，圧力，濃度など)を変化させると，その変化の大きさを小さくする方向(その変化を緩和する方向)に反応が進行して，新しい平衡状態になる。これをルシャトリエの原理または平衡移動の原理という。

① 　正しい。圧縮して圧力を高くしたので，ルシャトリエの原理より，気体の総分子数が減少する方向に平衡は移動する。したがって，NO_2 の物質量は減少するが，体積が小さくなるので，NO_2 の濃度は大きくなる。これは次のように考えるとわかりやすい。温度が一定なので，次の式で表される平衡定数 K は変わらない。

$$K = \frac{[NO_2]^2}{[N_2O_4]}$$

体積が減少して平衡が左に移動したのであるから，N_2O_4 の濃度は増加する。したがって，K を一定に保つためには NO_2 の濃度も増加しなければならない。

② 　誤り。温度を上げるとルシャトリエの原理より，吸熱反応($\Delta H > 0$)の方向すなわち右に平衡は移動する。したがって，N_2O_4 の物質量は減少し，NO_2 の物質量は増加する。

③ 　誤り。NO_2 を加えたのであるから，ルシャトリエの原理より，平衡は

NO_2 が反応してなくなる方向すなわち左に移動するが，NO_2 の物質量は加える前より増加する。これは，①で示したように，温度が一定なので平衡定数 K は変わらないことから，平衡が左に移動しても NO_2 の物質量は増加することがわかる。したがって，状態方程式より，V, T が一定で n が増加したのであるから，NO_2 の分圧 P は増加する。

$$P = \frac{n}{V}RT$$

④　誤り。He を加えると気体の総物質量が増加し圧力は高くなるが，平衡に関与している気体の圧力は変化しないから，平衡は移動しない。すなわち，圧力は加えた He の分だけ大きくなるが，NO_2 の物質量は変わらない。

⑤　誤り。He を加えても圧力が変わっていないので，気体の体積が大きくなったと考えられる。すなわち，圧力は変わらないが，平衡に関与している気体の圧力は減少しているので，平衡は右に移動する。したがって，N_2O_4 の物質量は減少する。

問6　アンモニアの工業的製法

　　工業的製法では，「速くつくる」と「多くつくる」の2点が重要である。速くは反応速度論，多くは平衡論すなわちルシャトリエの原理で考える。問題に示された図で，平衡に達するまでのグラフの傾きの大小は反応の速さを表し，平衡に達したときの NH_3 の生成量の大小はルシャトリエの原理で判断する。

　　a　温度を低くすると，反応の速さは小さくなるので，反応の初期のグラフの傾きは小さくなり，平衡は発熱反応（$\Delta H < 0$）の方向に移動するので，NH_3 の生成量は多くなる。したがって，②となる。

　　b　圧力が高くなるということは，濃度が高くなるのと同じであるから，反応の速さは大きくなり，平衡は気体の分子数が減少する方向すなわち右に移動するので，NH_3 の生成量は多くなる。したがって，①となる。

問7　水溶液の pH

　　pH の計算に必要な定義と公式を確認する。

　1．$pH = -\log_{10}[H^+]$

　2．$[H^+][OH^-] = K_w$

3．酢酸の電離度 $\alpha = \dfrac{\text{電離した酢酸の濃度}}{\text{溶解した酢酸の濃度}}$ （$0 \leqq \alpha \leqq 1$）

4．酢酸の電離定数 $K_a = \dfrac{[\text{CH}_3\text{COO}^-][\text{H}^+]}{[\text{CH}_3\text{COOH}]}$

a 塩酸の濃度は $1.0 \times 10^{-2}\,\text{mol/L}$ となるので，

$\text{pH} = -\log_{10}(1.0 \times 10^{-2}) = 2.0$

b このような希薄な濃度の水溶液においては，水の電離により生じる水素イオンの濃度も考慮しなければならない。塩化水素から生じる水素イオンの濃度は $1.0 \times 10^{-8}\,\text{mol/L}$，水の電離により生じる水素イオンの濃度を $x\,[\text{mol/L}]$ とすると，水酸化物イオンは水からしか生じないので，水酸化物イオンの濃度も $x\,[\text{mol/L}]$ となる。すなわち，

$[\text{H}^+] = 1.0 \times 10^{-8} + x\,[\text{mol/L}]$

$[\text{OH}^-] = x\,[\text{mol/L}]$

したがって，

$[\text{H}^+][\text{OH}^-] = K_w$ より，

$(1.0 \times 10^{-8} + x)x = 1.0 \times 10^{-14}$

$x = 0.95 \times 10^{-7}\,\text{mol/L}$

$[\text{H}^+] = 1.0 \times 10^{-8} + x = 1.1 \times 10^{-7}\,\text{mol/L}$

$\text{pH} = -\log_{10}1.1 \times 10^{-7} = 7 - \log_{10}1.1 \fallingdotseq 7$

c 酢酸の濃度を $c\,[\text{mol/L}]$，電離度を α とすると，電離平衡に達したときの各溶質粒子の濃度は次のようになる。

$\text{CH}_3\text{COOH} \rightleftharpoons \text{CH}_3\text{COO}^- + \text{H}^+$

$c(1-\alpha) \qquad c\alpha \qquad c\alpha$

酢酸の電離定数 K_a は，

$K_a = \dfrac{[\text{CH}_3\text{COO}^-][\text{H}^+]}{[\text{CH}_3\text{COOH}]} = \dfrac{[\text{H}^+]^2}{c(1-\alpha)}$

ここで，$\alpha \ll 1$ より $1 - \alpha \fallingdotseq 1$ とおけるので，

$K_a = \dfrac{[\text{H}^+]^2}{c}$

$[\text{H}^+] = \sqrt{cK_a} = \sqrt{3} \times 10^{-3}\,(\text{mol/L})$

$\text{pH} = -\log_{10}(\sqrt{3} \times 10^{-3}) = 3 - \dfrac{1}{2} \times 0.48 = 2.76 \fallingdotseq 2.8$

d 酢酸の濃度は 1.0×10^{-2} mol/L となるので，**c** と同様に考えて，

$$[\text{H}^+] = \sqrt{cK_a} = \sqrt{3} \times 10^{-3.5}\,\text{mol/L}$$

$$\text{pH} = -\log_{10}(\sqrt{3} \times 10^{-3.5}) = 3.26 \doteqdot 3.3$$

問8　酸，塩基，塩の水溶液

NH_3 は弱塩基，NH_4Cl は強酸である HCl と弱塩基である NH_3 の中和により生じた塩である。

①　正しい。少量の酸や塩基を加えても，pH がほとんど変わらない水溶液を緩衝液という。弱酸とその塩の混合液または弱塩基とその塩の混合液は緩衝液になるので，アンモニアと塩化アンモニウムの混合液は緩衝液になる。人の血液は，炭酸と炭酸水素塩の緩衝液になっている。

②　正しい。アンモニアは次のような電離平衡を形成している。

$$NH_3 + H_2O \rightleftharpoons NH_4^+ + OH^-$$

塩化アンモニウムは次のように完全に電離して，共通のイオンである NH_4^+ の濃度が高くなる。

$$NH_4Cl \longrightarrow NH_4^+ + Cl^-$$

そのため，アンモニアの平衡は左に移動し，OH^- の濃度は小さくなる。この現象を共通イオン効果という。

③　正しい。塩化アンモニウムは強酸である塩化水素と弱塩基であるアンモニアの中和により生じた塩であるから，その水溶液は酸性となる。これは，生じた NH_4^+ の一部が次のように加水分解を起こしてオキソニウムイオン H_3O^+ を生じるからである。

$$NH_4^+ + H_2O \rightleftharpoons NH_3 + H_3O^+$$

このとき，NH_4^+ は H_2O に H^+ を与えているので，酸として働いている。

④　正しい。③で示したように，塩化アンモニウムは強酸である塩化水素と弱塩基であるアンモニアの中和により生じた塩であるから，強塩基を加えると弱塩基であるアンモニアが遊離する。このときの反応は次のようになる。

$$NH_4Cl + NaOH \longrightarrow NaCl + H_2O + NH_3$$

イオン反応式で表すと，

$$NH_4^+ + OH^- \rightarrow NH_3 + H_2O$$

このとき，NH_4^+ は OH^- に H^+ を与えているので，酸として働いている。

⑤　誤り。電離定数のような平衡定数は，温度が変わらなければ一定であり，濃度が変化しても変わらない。

アンモニア水の濃度を c〔mol/L〕，電離度を α，電離定数を K_b とすると，

$$K_b = \frac{[NH_4^+][OH^-]}{[NH_3]} = \frac{c\alpha \times c\alpha}{c(1-\alpha)} = \frac{c\alpha^2}{1-\alpha}$$

ここで，$\alpha \ll 1$ とすると，

$$K_b = c\alpha^2 \quad \text{より，} \quad \alpha = \sqrt{\frac{K_b}{c}}$$

したがって，c が小さくなると α は大きくなる。

問9　溶解度積

a　1 L の水に x〔mol〕のクロム酸銀が溶けて飽和溶液に達したとすると，

$$Ag_2CrO_4 \longrightarrow 2\,Ag^+ + CrO_4^{2-}$$

$$\qquad\qquad 2x \qquad\quad x$$

$$[Ag^+]^2[CrO_4^{2-}] = 8.0 \times 10^{-12}$$

$$(2x)^2 \times x = 8.0 \times 10^{-12}\,\text{より，}$$

$$x = 1.3 \times 10^{-4}\,\text{mol/L}$$

b　沈殿が生じているかどうかの判定法は，沈殿が生じていないと仮定して各イオンの濃度を求めてイオンの積を計算する。

イオンの積 $\leqq$ 溶解度積　→　仮定は正しい　→　沈殿していない

イオンの積 $>$ 溶解度積　→　仮定は誤り　　→　沈殿している

$AgCl$ の沈殿が生じていないとすると，

$$[Ag^+] = 2.0 \times 10^{-4} \times \frac{100}{1000} \times \frac{1000}{100+100} = 1.0 \times 10^{-4}\,\text{mol/L}$$

$$[Cl^-] = 2.0 \times 10^{-6} \times \frac{100}{1000} \times \frac{1000}{100+100} = 1.0 \times 10^{-6}\,\text{mol/L}$$

すなわち，

$$[Ag^+][Cl^-] = 1.0 \times 10^{-10}\,(\text{mol/L})^2 < \text{塩化銀の溶解度積}$$

したがって，AgCl は沈殿していないので，

$[Ag^+] = 1.0 \times 10^{-4}$ mol/L

c AgCl の沈殿が生じていないとすると，

$[Ag^+] = 2.0 \times 10^{-4} \times \dfrac{100}{1000} \times \dfrac{1000}{100 + 100} = 1.0 \times 10^{-4}$ mol/L

$[Cl^-] = 2.0 \times 10^{-4} \times \dfrac{100}{1000} \times \dfrac{1000}{100 + 100} = 1.0 \times 10^{-4}$ mol/L

すなわち，

$[Ag^+][Cl^-] = 1.0 \times 10^{-8} (mol/L)^2 >$ 塩化銀の溶解度積

したがって，AgCl は沈殿している。

飽和溶液になっているので，

$[Ag^+][Cl^-] =$ 塩化銀の溶解度積 $2.0 \times 10^{-10} (mol/L)^2$

混合前の Ag^+ と Cl^- は同じ物質量存在しており，それぞれ同じ物質量だけ沈殿してなくなるため，溶解平衡に達したときの濃度は等しい。したがって，$[Ag^+] = [Cl^-] = x$ 〔mol/L〕とすると，

$x^2 = 2.0 \times 10^{-10}$

$x = 1.4 \times 10^{-5}$ mol/L

無機物質

物質の分類と性質

非金属元素の物質

金属元素の物質

実験器具と試薬の取り扱い

物質の分類と性質

第1問 酸化物

解説

問1　③　誤り。リン酸，硫酸，硝酸は，それぞれ次の酸化物を水に溶かしたとき
　　　　に生じるオキソ酸であるが，塩酸はオキソ酸ではない。

$$P_4O_{10} \longrightarrow H_3PO_4, \quad SO_3 \longrightarrow H_2SO_4, \quad NO_2 \longrightarrow HNO_3$$

　　　④　誤り。K_2O は水に溶けて水溶液は強い塩基性を示すが，Fe_2O_3 は水にほ
　　　　とんど溶けない。

$$K_2O + H_2O \longrightarrow 2KOH$$

酸化物は，その性質により，次のように分類される。

塩基性酸化物

　定義：酸と中和反応して塩を生成する酸化物。

　　　　〔例〕　$CuO + 2HCl \longrightarrow CuCl_2 + H_2O$

　該当する酸化物：酸化数の大きい金属原子の酸化物（CrO_3 など）を除く金属元素
　　　　　　　　　　の酸化物。

　　　　　　　　〔例〕　Na_2O, CuO, Fe_2O_3 など

　水溶性：アルカリ金属や Ca や Ba の酸化物は水と反応し，水酸化物を形成して
　　　　　　強塩基性となるが，他の金属元素の酸化物は水に溶けにくい。

　　　　〔例〕　$CaO + H_2O \longrightarrow Ca(OH)_2$

酸性酸化物

　定義：塩基と中和反応して塩を生成する酸化物。

　　　　〔例〕　$CO_2 + 2NaOH \longrightarrow Na_2CO_3 + H_2O$

　該当する酸化物：一酸化物（CO, NO）や H_2O などを除く非金属元素の酸化物。

　　　　　　　　〔例〕　SO_2, NO_2, P_4O_{10} など

　水溶性：共有結合の結晶である SiO_2 を除いて，ほとんどの酸化物は水と反応し
　　　　　　て溶解し，オキソ酸を形成して水溶液は酸性となる。

〔例〕　SO_2 ＋ H_2O ⟶ H_2SO_3

　オキソ酸は酸性酸化物を水に溶かしたときに生じる物質で，次のように，中心原子 X に結合している原子はすべて酸素原子であり，水素原子はすべて −OH の形で存在している化合物をいう。

　H_2CO_3（X＝C）　　　　　　　　　　　H_2SO_3（X＝S）

```
    H-O-C-O-H                H-O-S-O-H
        ‖                        ↓ ⟵ 配位結合を表す
        O                        O
```

　主なオキソ酸として次のようなものがある。

> ・$CO_2 \rightarrow H_2CO_3$　　・$NO_2 \rightarrow HNO_3$　　・$SiO_2 \rightarrow H_2SiO_3$
>
> ・$P_4O_{10} \rightarrow H_3PO_4$　・$SO_2 \rightarrow H_2SO_3$　　・$SO_3 \rightarrow H_2SO_4$
> 　　　　　　　　　　　　　（亜硫酸）

両性酸化物

　定義：酸とも塩基とも中和反応して塩を生成する酸化物。

　　　　〔例〕　Al_2O_3 ＋ $6\,HCl$ ⟶ $2\,AlCl_3$ ＋ $3\,H_2O$

　　　　　　　　Al_2O_3 ＋ $2\,NaOH$ ＋ $3\,H_2O$ ⟶ $2\,Na[Al(OH)_4]$

　該当する酸化物：両性金属（Al，Zn，Sn，Pb など）の酸化物。

　　　　　　　　〔例〕　Al_2O_3，ZnO など

　水溶性：水に溶けない。

問2　(1)　水に溶けて，強い塩基性を示すから，① BaO である。

　　　(2)　塩基性酸化物で，水に不溶だから，② CuO である。

　　　(3)　酸性酸化物で，水によく溶けるから，④ NO_2 である。

　　　(4)　常温で固体の酸性酸化物より，⑥ SiO_2 である。

　　　(5)　両性酸化物より，③ Al_2O_3 である。

ポイント

1．金属元素の酸化物は塩基性酸化物に分類され，アルカリ金属や Ca や Ba
　の酸化物は水に溶けて水酸化物となり，水溶液は塩基性を示す。

2．非金属元素の酸化物（NO や CO を除く）は酸性酸化物に分類され，ほとん
　どの酸化物は水に溶けてオキソ酸となり，その水溶液は酸性を示す。

3．両性金属の酸化物は両性酸化物に分類され，水に不溶である。

第2問 元素と単体

解説

問1　周期表を書いて，遷移元素と典型元素を確認しておこう。

①　誤り。周期表の 3 〜 12 族が遷移元素になる。

②　正しい。遷移元素はすべて金属元素である。

③　誤り。8 族の鉄と 11 族の銅は遷移元素であるが，14 族の鉛は典型元素である。

④　誤り。遷移元素の化合物は有色のものが多い。

⑤　誤り。遷移元素はいろいろな酸化数をとるものが多く，Mn は +7，Cr は +6 の最高酸化数をとることができる。

┌──────────── 遷移元素 ────────────┐
│ 1．3 〜 12 族の元素で，第 4 周期から現れる。 │
│ 2．すべて金属元素である。   │
│ 3．いろいろな酸化数をとることができる。   │
│ 4．有色の化合物をつくりやすい。   │
└──────────────────────────────┘

問2

┌──────── 常温，常圧における単体の状態 ────────┐
│ 1周期　H   He │
│ 2周期　Li Be   B C N O F Ne │
│ 3周期　Na Mg   Al Si P S Cl Ar │
│ 4周期　K   Ca Sc Ti V Cr Mn Fe Co Ni Cu Zn Ga Ge As Se Br Kr │
│   Cd   │
│   Hg   金属と非金属の境界 │
│   ▨：気体，□：液体，左記以外は固体   │
└─────────────────────────────────────┘

　　金属の単体は，液体の Hg 以外はすべて固体である。非金属の単体は，Br_2 のみが液体で，あとはすべて気体か固体である。

第3問　塩

解答

1	― ②	2	― ①

解説

問1　塩は酸と塩基の中和反応により生じるものであり，酸の陰イオンと塩基の陽
イオンからなるイオン結合性の化合物である。したがって，塩かどうかの判断
方法は，化学式中の陽イオンを H で置換したときに酸の化学式となり，陰イオ
ンを OH で置換したときに塩基の化学式となることを確認すればよい。

① NaCl は塩であるが，NaOH は塩ではない。

② どちらも塩である。

・CH_3COONa $\begin{cases} 酸：CH_3COOH \\ 塩基：NaOH \end{cases}$ ・NH_4Cl $\begin{cases} 酸：HCl \\ 塩基：NH_3 \end{cases}$

③ Na_2O は塩ではなく酸化物であり，$AlCl_3$ は塩である。

④ CaO，CO_2 はともに塩ではなく，酸化物である。

⑤ SO_3 は酸化物，Na_2SO_4 は塩である。

問2　①～⑤の反応はすべて，塩と酸または塩と塩基の組合せとなっているため，
より強い酸が弱い酸を遊離する反応か，より強い塩基が弱い塩基を遊離する反
応になるかどうかを考えればよい。

① 強酸(HNO_3)の中和により生じた塩に強酸(HCl)を混合しても反応は起こ
らない。

② H_2CO_3 より CH_3COOH の方が強い酸なので，CO_2 が発生する。

$$NaHCO_3 + CH_3COOH \longrightarrow H_2O + CO_2 + CH_3COONa$$

③ NH_3 より $NaOH$ の方が強い塩基なので NH_3 が発生する。

$$NH_4Cl + NaOH \longrightarrow NH_3 + NaCl + H_2O$$

④ $H_2SO_3(H_2O + SO_2)$ より H_2SO_4 の方が強い酸なので，SO_2 が発生する。

$$NaHSO_3 + H_2SO_4 \longrightarrow H_2O + SO_2 + NaHSO_4$$

⑤ CH_3COOH より HCl の方が強い酸なので，CH_3COOH が生成する。

$$CH_3COONa + HCl \longrightarrow CH_3COOH + NaCl$$

第4問　酸と塩基

解説

問1　① HCl と CO_2 はともに分子性の物質であり，気体である。

　　② NH_3 は分子性の物質で気体，Al_2O_3 はイオン結合性の物質なので固体である。

　　③ KOH はイオン結合性の物質なので固体，NO_2 は分子性の物質で気体である。

　　④ $(COOH)_2$ は分子性であるが，カルボキシ基を2つもち，水素結合が分子間に形成されるので固体である。P_4O_{10} も分子性であるが，分子量が大きいので強い分子間力が働き固体である。

　　⑤ 酢酸は分子性であり液体，融点は約17℃で，冬期には凝固するので，純粋な酢酸は氷酢酸という。SiO_2 は分子をつくらず，共有結合からなる固体である。

問2　① CO_2 は酸性酸化物なので水溶液は酸性，酢酸ナトリウムは弱酸である CH_3COOH と強塩基である NaOH の中和により生じる塩なので塩基性，シュウ酸$(COOH)_2$ はカルボン酸であるため酸性である。

　　② Na_2O はアルカリ金属の塩基性酸化物であるため塩基性，NH_4Cl は弱塩基である NH_3 と強酸である HCl の中和により生じる塩なので酸性，HCl は強酸である。

　　③ SiO_2 は水にほとんど溶けないので中性，$NaHCO_3$ は強塩基である NaOH と弱酸である CO_2 の中和により生じる塩なので塩基性，CH_3COOH はカルボン酸なので酸性である。

　　④ Fe_2O_3 は水にほとんど溶けないので中性，$AlCl_3$ は弱塩基である $Al(OH)_3$ と強酸である HCl の中和により生じる塩なので酸性，NH_3 は塩基性である。

　　⑤ SO_2 は酸性酸化物であり酸性，NH_4Cl は酸性を示す塩，CH_3COOH は酸性である。

第5問 酸化剤と還元剤

解説

問1　それぞれの化合物における原子の酸化数から，酸化されるか，還元されるか
を推定してみよう。Fを除いた典型元素の原子において，その原子の最高酸化
数と最低酸化数は最外殻電子数から推定できる。すなわち，Cl は最外殻電子
数7より，最高酸化数は+7，最低酸化数は $7-8=-1$ となる。同様に，S は
最外殻電子数6より，最高酸化数は+6，最低酸化数は-2，C は最外殻電子数
4より，最高酸化数は+4，最低酸化数は-4となる。それぞれの原子の酸化数
に該当する物質としては，非金属元素においては，+の酸化数をもつものは酸
化物またはオキソ酸，0の酸化数をもつものは単体，-の酸化数をもつものは
水素化合物を想定すればよい。

　　なお，F はすべての元素の中で電気陰性度が最大であるので，最高酸化数は
0，最低酸化数は-1となる。

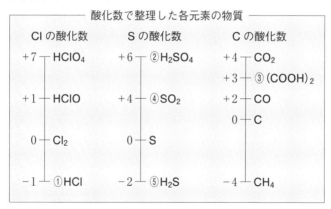

— 酸化数で整理した各元素の物質 —

Cl の酸化数	S の酸化数	C の酸化数
$+7$ — $HClO_4$	$+6$ — ② H_2SO_4	$+4$ — CO_2
		$+3$ — ③ $(COOH)_2$
$+1$ — $HClO$	$+4$ — ④ SO_2	$+2$ — CO
		0 — C
0 — Cl_2	0 — S	
-1 — ① HCl	-2 — ⑤ H_2S	-4 — CH_4

　　①，③，④，⑤の化合物はすべて酸化される可能性はあるが，②の硫酸は S の
最高酸化数をとるので，これ以上酸化されない。

問2　H$_2$O$_2$の O 原子の酸化数は右のようになっているので，酸化も還元もされる。また，前頁の表より SO$_2$ も同様である。H$_2$O$_2$ は通常，酸化剤として作用するが，KMnO$_4$ のような酸化剤には還元剤として作用する。SO$_2$ は通常，還元剤とし作用するが，H$_2$S のような還元剤には酸化剤として作用する。

　一般的に，どちらのはたらきをするかの判断法として，生成物質としてどちらの方が安定か，すなわち化学反応によりどちらの方が生成しやすいかを考えればよい。H$_2$O$_2$ の場合，O$_2$ より H$_2$O の方が生成しやすいので，酸化剤として作用する場合が多い。一方，SO$_2$ の場合，S より SO$_4{}^{2-}$ の方が生成しやすいので，還元剤として作用する場合が多い。

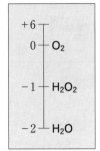

非金属元素の物質

第1問　塩素

解説

塩素は周期表の 17 族元素なので，最外電子殻に 7 個の電子を有する。そのため，塩素原子より陰性の大きい原子と結合した場合は，最高 7 個の電子が相手に引き寄せられるので，塩素原子の最高酸化数は +7 となる。一方，塩素原子より陰性の小さい原子と結合した場合には，1 個の電子を相手から引き寄せることができるので，塩素原子の最低酸化数は −1 となる。結局，塩素原子の最高酸化数は +7，最低酸化数は −1 となる。非金属元素においては，一般的に正の酸化数をとる化合物は酸化物やオキソ酸を，負の酸化数をとる化合物は水素化合物を，また，0 の酸化数をとるものは単体を考えればよい。以上のことから，最低酸化数〜最高酸化数までの重要な物質を，次のように酸化数ごとに整理しておくとよい。

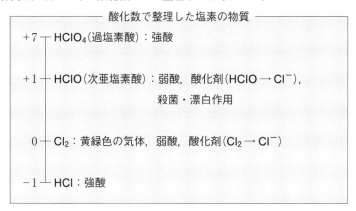

―― 酸化数で整理した塩素の物質 ――

$+7$ ― $HClO_4$(過塩素酸)：強酸

$+1$ ― $HClO$(次亜塩素酸)：弱酸，酸化剤($HClO \rightarrow Cl^-$)，殺菌・漂白作用

0 ― Cl_2：黄緑色の気体，弱酸，酸化剤($Cl_2 \rightarrow Cl^-$)

-1 ― HCl：強酸

問 1　濃塩酸を酸化マンガン(Ⅳ)により酸化して，Cl_2 を発生させる方法である。

$$MnO_2 + 4\,HCl \longrightarrow MnCl_2 + 2\,H_2O + Cl_2$$

MnO_2 の酸化力は Cl_2 より少し弱いので，上記の反応は進行しにくい。そのため，加熱して Cl_2 を追い出したり，濃塩酸を用いることにより，反応を右に進行させている。

酸化マンガン(Ⅳ)より強い酸化剤である $KMnO_4$ を用いれば，加熱操作はしなくても気体は発生する。しかし，Cl_2 は有毒なので，必要量の気体が得られれば反応を停止する必要がある。加熱操作を要する場合には，加熱を停止すれば反応は止まるので，実験室で Cl_2 を発生するときにこの方法が用いられる。

問2　HCl は揮発性なので，発生した Cl_2 の中には HCl が含まれる。したがって，水の中に通して HCl を除去する必要がある。

問3　塩素は酸性の気体なので，乾燥剤には酸性の乾燥剤である濃硫酸が用いられる。水酸化ナトリウムやソーダ石灰($NaOH$ と CaO の混合物)は塩基性なので，酸性の Cl_2 と中和反応してしまうのでよくない。

問4　Cl_2 は水に溶けて，次の平衡を形成する。

$$Cl_2(aq) + H_2O \rightleftharpoons HCl + HClO$$

水溶液中では，ほとんど分子状の Cl_2 で溶解しているが，一部は上記のように水と反応して HCl と HClO となる。そのため，塩素水は酸性を示し，生じた HClO により漂白・殺菌作用を示す。

① 　湿った青色リトマス紙を漂白(青色が赤くなり直ちに漂白される)する。

② 　水溶液は弱酸性で，殺菌作用がある。

③ 　ヨウ化カリウムを次のように酸化して，I_2 を生じる。

$$Cl_2 + 2KI \longrightarrow 2KCl + I_2$$

生じた I_2 が，ヨウ素デンプン反応により青紫色となる。

④ 　Cl_2 には酸化作用はあるが，還元作用はほとんど示さない。Cl_2 と SO_2 が反応すると，Cl_2 が酸化剤，SO_2 が還元剤となり，次のような変化を起こす。

$$Cl_2 + SO_2 + 2H_2O \longrightarrow 2HCl + H_2SO_4$$

問5　高度さらし粉に過剰の塩酸を加えると，弱酸である HClO が生じる。

$$Ca(ClO)_2 \cdot 2H_2O + 2HCl \longrightarrow CaCl_2 + 2H_2O + 2HClO$$

さらに，水溶液中に HCl と HClO が増加すると，問4の逆反応である次の反応が起こって Cl_2 が発生する。

$$HCl + HClO \longrightarrow H_2O + Cl_2$$

結局，次の反応が起こる。

$$Ca(ClO)_2 \cdot 2H_2O + 4HCl \longrightarrow CaCl_2 + 4H_2O + 2Cl_2$$

第2問　ハロゲン

解答

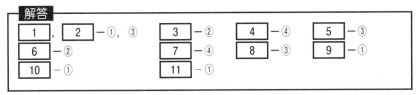

| 1 |, | 2 |－①, ③　　| 3 |－②　　| 4 |－④　　| 5 |－③

| 6 |－②　　　　　| 7 |－④　　| 8 |－③　　| 9 |－①

| 10 |－①　　　　　| 11 |－①

解説

　ハロゲンの単体の性質には，原子番号による周期性が認められる。すなわち，沸点は分子量が大きくなると高くなり，反応性は原子の陰性が大きくなると大きくなる。また，ハロゲンの単体は有色なので，その色は覚えておこう。

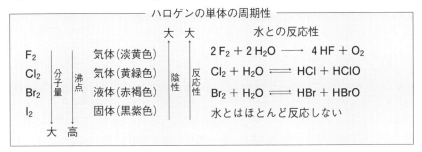

―――――― ハロゲンの単体の周期性 ――――――

			大　大	水との反応性
F_2		気体(淡黄色)		$2\,F_2 + 2\,H_2O \longrightarrow 4\,HF + O_2$
Cl_2	分子量 沸点	気体(黄緑色)	陰性 反応性	$Cl_2 + H_2O \rightleftharpoons HCl + HClO$
Br_2		液体(赤褐色)		$Br_2 + H_2O \rightleftharpoons HBr + HBrO$
I_2		固体(黒紫色)		水とはほとんど反応しない
	大　　高			

　フッ素はその陰性の大きさや原子半径などから，他のハロゲン化水素と異なった性質を示す場合が多い。HF 分子間には水素結合が形成されるので，沸点が高くなる。また，HF の水溶液はガラスを侵すので，ポリエチレン製の容器に保存する。

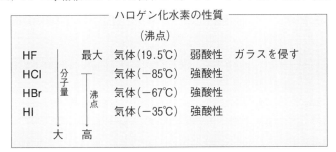

―――――― ハロゲン化水素の性質 ――――――

（沸点）

HF		最大	気体(19.5℃)	弱酸性	ガラスを侵す
HCl	分子量 沸点		気体(−85℃)	強酸性	
HBr			気体(−67℃)	強酸性	
HI			気体(−35℃)	強酸性	
	大　　高				

ポ・イ・ン・ト

1．単体の周期性を整理しておこう。
2．HF の性質を，他のハロゲン化水素と比較して整理しておこう。

第3問　酸素

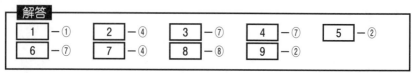

解答

| 1 |－①　| 2 |－④　| 3 |－⑦　| 4 |－⑦　| 5 |－②

| 6 |－⑦　| 7 |－④　| 8 |－⑧　| 9 |－②

解説

　酸素原子からなる物質を酸化数で整理した図を次に示す。酸素原子は陰性の度合
がフッ素原子に次いで2番目に大きいので，酸化数が正のものはほとんどない。

　酸素の同素体には O_3 と O_2 があり，実験室で O_2 を発生さ
せるときは，酸化マンガン(IV) MnO_2(黒色の固体)を触媒に
用いて H_2O_2 水や，塩素酸カリウム $KClO_3$(固体)を分解して
つくる。

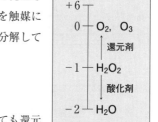

$$2\,H_2O_2 \longrightarrow 2\,H_2O + O_2$$

$$2\,KClO_3 \longrightarrow 2\,KCl + 3\,O_2$$

　このとき，H_2O_2 と $KClO_3$ はいずれも酸化剤としても還元
剤としても働いており，いずれの反応も酸化還元反応である。MnO_2 は触媒または
酸化剤として用いられる場合が多く，酸性条件の場合は酸化剤として用いられ，酸
性条件でなければ触媒として用いられる。

　O_3 は O_2 に紫外線を照射すると生成し，この反応は大気中でも起こっている。

$$3\,O_2 \longrightarrow 2\,O_3 (オゾン層の形成)$$

　O_3 は太陽からの有害な紫外線を遮断する働きをしているが，O_3 が分解されるこ
とにより生じるオゾンホールの増加が懸念されている。O_3 を分解する原因物質と
しては，フレオンガス(フロンガス)などが考えられており，近年これらの物質の使
用が制限されるようになっている。

　O_2 は高温にすると強い酸化力を示し，O_3 は室温でも強い酸化力を示す。いずれ
も酸化剤として働いたときには酸化物や H_2O に変化する。

　H_2O_2 は図に示したように，酸化剤として働くときには H_2O に，還元剤として働
くときには O_2 に変化するが，通常は酸化剤として使われることを知っておこう。

第4問 硫黄

解説

最低酸化数から最高酸化数までの硫黄原子(16族)の物質には，次のようなものがある。

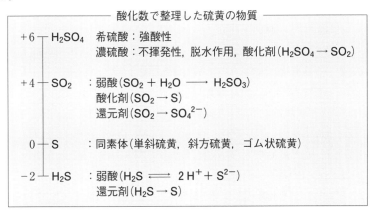

酸化数で整理した硫黄の物質

$+6$ ― H_2SO_4　希硫酸：強酸性
濃硫酸：不揮発性，脱水作用，酸化剤($H_2SO_4 \rightarrow SO_2$)

$+4$ ― SO_2　：弱酸($SO_2 + H_2O \longrightarrow H_2SO_3$)
酸化剤($SO_2 \rightarrow S$)
還元剤($SO_2 \rightarrow SO_4^{2-}$)

0 ― S　：同素体(単斜硫黄，斜方硫黄，ゴム状硫黄)

-2 ― H_2S　：弱酸($H_2S \rightleftharpoons 2H^+ + S^{2-}$)
還元剤($H_2S \rightarrow S$)

問1　① 正しい。濃硫酸は酸化剤として作用している。

$$2H_2SO_4 + Cu \longrightarrow CuSO_4 + 2H_2O + SO_2$$

② 正しい。希硫酸は強酸性である。強酸が弱酸を追い出す反応原理により，H_2S が発生する。

$$FeS + H_2SO_4 \longrightarrow FeSO_4 + H_2S$$

③ 正しい。濃硫酸の脱水作用を利用している。濃硫酸と有機化合物の反応においては，脱水反応になる場合が多い。

$$C_{12}H_{22}O_{11} \longrightarrow 12C + 11H_2O$$

④ 誤り。濃硫酸を水で希釈するときは，大きな発熱を伴う。このため，濃硫酸に水を加えると，水が少量のため沸騰して危険である。濃硫酸から希硫酸を作るには，少しずつ注意しながら水に濃硫酸を加えていく。

⑤ 濃硫酸が不揮発性であることを利用している。NaCl は，揮発性の酸である HCl と NaOH の中和反応により生じた塩と考えられるので，濃硫酸と NaCl の混合物を加熱すると，揮発性の酸である HCl が発生する。

$$\text{NaCl} + \text{H}_2\text{SO}_4 \longrightarrow \text{NaHSO}_4 + \text{HCl}$$

なお，濃硫酸の性質を利用した反応の場合には，ほとんど加熱操作が必要である。

⑥　正しい。硫酸の工業的製法で，接触法と呼ばれている。

問2　SO_2 は，水に溶けて H_2SO_3 となり，その水溶液は弱酸性である。また，還元剤としても，酸化剤としても作用する。

①　正しい。$\text{SO}_2 + \text{H}_2\text{O} \longrightarrow \text{H}_2\text{SO}_3$

$\text{H}_2\text{SO}_3 \rightleftharpoons 2\,\text{H}^+ + \text{SO}_3{}^{2-}$

酸性雨の原因物質としては，SO_2 や NO_2 などが考えられている。

②　誤り。過酸化水素 H_2O_2 も，酸化剤としても，また還元剤としても用いられる物質である。しかし，通常，H_2O_2 は酸化剤として用いられ，反応相手が強い酸化剤の場合にかぎり還元剤として作用する。一方，SO_2 は，通常は還元剤として用いられ，反応相手が強い還元剤の場合にかぎり酸化剤として作用する。したがって，この場合には，酸化剤が H_2O_2，還元剤が SO_2 となる。

$\text{H}_2\text{O}_2 + \text{SO}_2 \longrightarrow \text{H}_2\text{SO}_4$

③　正しい。硫化水素 H_2S は還元剤であるため，SO_2 は酸化剤として作用する。

$\text{SO}_2 + 2\,\text{H}_2\text{S} \longrightarrow 3\,\text{S} + 2\,\text{H}_2\text{O}$

SO_2 と H_2S はともに火山性のガスなので，この反応は，温泉地帯における硫黄の析出反応としてよく見られる。気体どうしの SO_2 と H_2S が反応して硫黄の結晶が成長する場合には黄色となるが，水溶液中ではコロイド状の粒子になるので白く濁る。

④　正しい。SO_2 には還元作用があるので，漂白剤としても用いられている。

⑤　正しい。SO_2 は無色で刺激臭を呈する。

ポイント

1．濃硫酸の性質と，その性質を利用した反応を整理しておこう。

2．硫黄の化合物には，酸化剤，還元剤として用いられるものが多い。

（濃硫酸：酸化剤，　　SO_2：酸化剤，還元剤，　　H_2S：還元剤）

3．酸化数で整理した表から，酸化還元反応を推定できるようにしておこう。

第5問　リン

解説

リン原子からなる物質を酸化数で整理した図を次に示す。

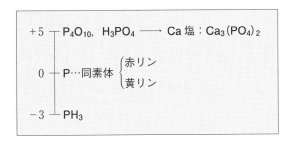

$+5$ ── P_4O_{10}, H_3PO_4 ── Ca 塩：$Ca_3(PO_4)_2$

0 ── P…同素体 $\begin{cases} 赤リン \\ 黄リン \end{cases}$

-3 ── PH_3

リンは，天然においては3価の酸であるリン酸の Ca 塩として，動物の骨や歯に存在する。

リンの単体には同素体が存在し，次のように性質が異なる。黄リンは，空気中の酸素と反応して自然発火するので，水中に保存する。

赤リン	赤色の粉末	安定で無毒
黄リン	黄色の結晶	自然発火し，有毒

リンの酸化物である白色の粉末 P_4O_{10} は，吸湿性が強いので気体の乾燥剤として，また脱水作用があるので脱水反応の触媒として用いられ，濃硫酸と似た性質がある。

リンは植物の成長に欠かせない元素であり，カルシウムのリン酸塩のうち，二水素塩である $Ca(H_2PO_4)_2$ のみが水に溶けやすいので，肥料（過リン酸石灰）として用いられる。リン鉱石（主成分 $Ca_3(PO_4)_2$）を硫酸と反応させると，リン酸二水素カルシウム $Ca(H_2PO_4)_2$ と硫酸カルシウム $CaSO_4$ の混合物が得られ，この混合物を過リン酸石灰という。

$$Ca_3(PO_4)_2 + 2\,H_2SO_4 \longrightarrow Ca(H_2PO_4)_2 + 2\,CaSO_4$$

第6問　窒素

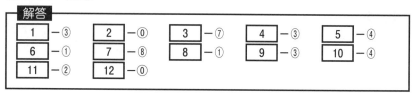
解説

最低酸化数から最高酸化数までの窒素原子(15族)の物質には，次のようなものがある。

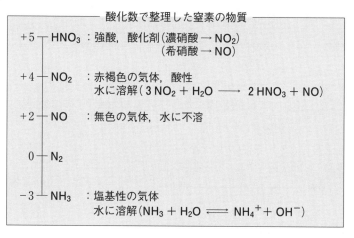

酸化数で整理した窒素の物質

$+5$ — HNO_3 ：強酸，酸化剤(濃硝酸 → NO_2)
　　　　　　　　　　　　(希硝酸 → NO)

$+4$ — NO_2 ：赤褐色の気体，酸性
　　　　　水に溶解($3\,NO_2 + H_2O \longrightarrow 2\,HNO_3 + NO$)

$+2$ — NO ：無色の気体，水に不溶

0 — N_2

-3 — NH_3 ：塩基性の気体
　　　　　水に溶解($NH_3 + H_2O \rightleftharpoons NH_4^+ + OH^-$)

装置 **a** は，希硝酸の酸化力を利用して，NO の気体を発生，捕集する装置である。

$$8\,HNO_3 + 3\,Cu \longrightarrow 3\,Cu(NO_3)_2 + 4\,H_2O + 2\,NO$$

このとき，窒素原子の酸化数は$+5$から$+2$に減少している。発生した NO は，空気中の酸素と反応して，直ちに赤褐色の NO_2 に変化する。

$$2\,NO + O_2 \longrightarrow 2\,NO_2$$

NO は水に不溶なので，水上置換法で捕集する。また，反応容器の試験管中に初めから存在していた空気中の酸素により，発生した一部の NO が NO_2 に変化するが，NO_2 は水によく溶けるので，水上置換法によりこの NO_2 を除去することができる。

装置 **b** は，強塩基 $Ca(OH)_2$ が弱塩基 NH_3 を遊離させる反応である。

$$Ca(OH)_2 + 2NH_4Cl \longrightarrow CaCl_2 + 2H_2O + 2NH_3$$

NH_3 は水によく溶け，水溶液は弱塩基性を示す。

$$NH_3 + H_2O \rightleftharpoons NH_4^+ + OH^-$$

HCl と接触させると，塩化アンモニウムの白煙（微粒子の固体）を生じる。

$$HCl + NH_3 \longrightarrow NH_4Cl$$

アンモニアを発生させるには，固体の $Ca(OH)_2$ と固体の NH_4Cl を混合したものを加熱する。そのため，試験管の加熱部分の温度が高くなり，試験管の口を上に向けておくと，水蒸気の凝縮により生成した水が加熱部分に流れ込んで，試験管を破損する恐れがある。試験管の口を下に向けているのはそのためである。また，NH_3 は刺激臭のある有毒な気体なので，気体が不要な場合は直ちに発生を停止する必要がある。固体試薬どうしの反応だと，加熱を止めれば反応が停止する。しかし，水溶液で反応を行うと，加熱は不要であるが直ちに反応が停止しないので，通常は水溶液では行わない。

NH_3 を酸化して HNO_3 にする工業的な方法は，オストワルト法と呼ばれている。

```
────────── オストワルト法 ──────────

        O₂              O₂            H₂O
NH₃ ──────────→ NO ─────────→ NO₂ ─────────→ HNO₃
      〔Pt 触媒〕
```

(1)　$4NH_3 + 5O_2 \longrightarrow 4NO + 6H_2O$

(2)　$2NO + O_2 \longrightarrow 2NO_2$

(3)　$3NO_2 + H_2O \longrightarrow 2HNO_3 + NO$

上記の(1)～(3)を一つにまとめると，

$$NH_3 + 2O_2 \longrightarrow HNO_3 + H_2O$$

この一連の変化において，窒素原子の酸化数は -3 から $+5$ に増加している。

ポイント

1．硝酸の酸化力を利用した反応を整理しておこう。

2．アンモニアの発生装置，性質を整理しておこう。

3．オストワルト法の原料から生成物までの流れを整理しておこう。

第7問 炭素とケイ素

解説

　炭素の同素体には，ダイヤモンドや黒鉛などがある。ダイヤモンドは，C原子が他の4個のC原子と共有結合により結晶を構成しており，非常に硬い。一方，黒鉛は，C原子が他の3個のC原子と共有結合により平面状の巨大分子を構成しており，平面間に働く分子間力は弱いので，軟らかくてはがれやすい。また，C原子の価電子のうちの1個は共有結合に使われないで，平面分子にそって動くことができるので，黒鉛は固体状態で電気をよく導く。

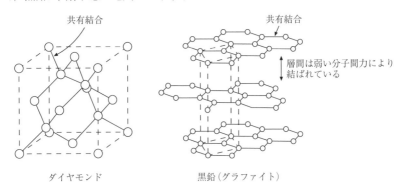

ダイヤモンド　　　　　　　　　黒鉛（グラファイト）

　炭素の酸化物には二酸化炭素CO_2と一酸化炭素COがある。CO_2は無色・無臭の気体で水に溶けて炭酸水となり，その水溶液は弱酸性を示す。また，CO_2の結晶はドライアイスと呼ばれ，分子結晶に分類される。COは無色の気体で，炭素化合物の不完全燃焼により生じる。COは毒性が強く，水にはほとんど溶けない。また，高温では還元性を示し，次の反応に示されるように，鉄の製錬における還元剤として働いている。

$$Fe_2O_3 + 3\,CO \longrightarrow 2\,Fe + 3\,CO_2$$

　ケイ素は，岩石・鉱物の成分元素として，地球上では酸素に次いで多量に存在する。ケイ素の化合物は共有結合の結晶や巨大分子を構成しやすく，水晶の主成分で

ある二酸化ケイ素 SiO_2 は，共有結合の結晶に分類される。

SiO_2 を固体の水酸化ナトリウムとともに加熱融解させると，ケイ酸ナトリウム Na_2SiO_3 が生じる。

$$SiO_2 + 2\,NaOH \longrightarrow Na_2SiO_3 + H_2O$$

Na_2SiO_3 の $SiO_3{}^{2-}$ は下図のような巨大イオンであるため，水を加えて濃厚な水溶液にすると，粘性の大きい液体になる。これを水ガラスといい，陶器などの接着剤として用いられている。Na_2SiO_3 に塩酸を加えると，コロイド状のケイ酸 H_2SiO_3（組成は一定していないので $SiO_2 \cdot nH_2O$ で表される）が生成する。

$$Na_2SiO_3 + 2\,HCl \longrightarrow H_2SiO_3 + 2\,NaCl$$

ケイ酸は弱酸であり，加熱すると一部のヒドロキシ基間で脱水による縮合が起こり，三次元の多孔質の固体であるシリカゲルが得られる。シリカゲルは，表面積が大きく，多数のヒドロキシ基をもつため，乾燥剤や吸着剤として用いられている。

ポイント

1．炭素の同素体や CO_2 の性質について整理しておこう。

2．SiO_2，Na_2SiO_3，シリカゲルなど，ケイ素は共有結合により固体や巨大イオンをつくりやすい。

第8問　気体の発生装置

【解説】

　実験室で有毒な気体を発生させる場合に，必要量だけ発生させた後は直ちに気体の発生を止める必要がある。その一つの方法として，加熱を要する操作があり，加熱をやめると気体の発生が止まる。

加熱の必要な気体の発生反応

① 濃硫酸の性質を利用した反応

　加熱することにより，濃硫酸の性質が発現する。

　　脱水作用：反応相手が有機物

　　　　　$HCOOH \longrightarrow H_2O + CO$

　　酸化作用：反応相手が H よりイオン化傾向の小さい金属（Cu, Ag）

　　　　　$Cu + 2\,H_2SO_4 \longrightarrow CuSO_4 + 2\,H_2O + SO_2$

　　不揮発性：反応相手が揮発性の酸の中和により生じる塩

　　　　　$NaCl + H_2SO_4 \longrightarrow NaHSO_4 + HCl$

② 固体試薬どうしの反応

　加熱することにより，部分的に融解して反応が進行する。

　　NH_3 の発生：$Ca(OH)_2 + 2\,NH_4Cl \longrightarrow CaCl_2 + 2\,H_2O + 2\,NH_3$

　　分解反応：$CaCO_3 \longrightarrow CaO + CO_2$

③ 酸化剤 MnO_2 を用いた Cl_2 の発生

　加熱することにより，MnO_2 より強い酸化剤である Cl_2 を気体として追い出して，反応を進行させる。

　　$MnO_2 + 4\,HCl \longrightarrow MnCl_2 + 2\,H_2O + Cl_2$

---

(1)　固体試薬どうしの反応なので加熱が必要である。固体試薬を加熱するときには，加熱部分の温度が高くなる。そのため，試験管の口の部分で凝縮した水滴が，加熱部分に流れ込んで試験管を破損しないように，④のように試験管の口の部分をやや下向きにする。

　　$2\,KClO_3 \longrightarrow 2\,KCl + 3\,O_2$

⑵　右の図のAの部分に希硫酸を入れ，Bの部分に
FeS の塊を入れる。コックDを閉じているとき
には，B，Cの部分は密閉になっているので，A
から希硫酸を入れると，B，Cの圧力は大気圧よ
り高くなり，希硫酸はAに残ったままでCにはほ
とんど落ちていかない。コックDを開くと，B，
Cの圧力は大気圧となり，Aの硫酸はCを通って
Bに入っていき，FeS と接触するので気体 H_2S
が発生する。H_2S の発生を停止したいときには，
コックDを閉じる。コックを閉じるとBは密閉空

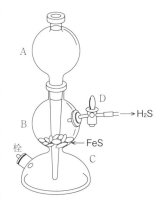

間となり，発生する気体によりBの圧力が高くなる。そのため，希硫酸がBから
Cを通してAに押し上げられ，希硫酸と FeS が接触しなくなるので気体の発生
が止まる。再び気体を発生させたいときには，コックDを開けばよい。このよう
に，キップの装置は，有毒な気体を，加熱しないで安全に発生させるときに用い
る。

$$FeS + H_2SO_4 \longrightarrow FeSO_4 + H_2S$$

⑶　弱酸(亜硫酸 $H_2O + SO_2$)の塩に強酸を加えると，弱酸である SO_2 が発生する。
この方法は加熱が不要なので，③の装置となる。

$$NaHSO_3 + H_2SO_4 \longrightarrow NaHSO_4 + H_2O + SO_2$$

　　なお，①のキップの装置では，Bに入れる固体がある程度の大きさをもった塊
でなければならず，微粒状の $NaHSO_3$ は①の装置は使えない。

第9問 気体の発生と性質

解説

気体の発生反応は，次のような反応原理に基づいて整理しておくとよい。

気体発生の主な反応原理

1. 強酸(強塩基)による弱酸(弱塩基)の遊離

   強酸や強塩基を，弱酸または弱塩基の中和反応により生成した塩に加えると，弱酸または弱塩基の気体が発生する。

   $$2\,HCl + CaCO_3 \longrightarrow CaCl_2 + H_2O + CO_2$$
   $$Ca(OH)_2 + 2\,NH_4Cl \longrightarrow CaCl_2 + 2\,H_2O + 2\,NH_3$$

2. 酸化還元反応

   気体発生に利用される主な酸化剤には，濃硝酸，希硝酸，濃硫酸，酸化マンガン(IV)などがある。

   $$4\,HNO_3 + Cu \longrightarrow Cu(NO_3)_2 + 2\,H_2O + 2\,NO_2 \quad (濃硝酸)$$
   $$8\,HNO_3 + 3\,Cu \longrightarrow 3\,Cu(NO_3)_2 + 4\,H_2O + 2\,NO \quad (希硝酸)$$
   $$2\,H_2SO_4 + Cu \longrightarrow CuSO_4 + 2\,H_2O + SO_2$$
   $$MnO_2 + 4\,HCl \longrightarrow MnCl_2 + 2\,H_2O + Cl_2$$

3. 濃硫酸の性質を利用

   ・不揮発性：不揮発性の酸による揮発性の酸の遊離

   $$NaCl + H_2SO_4 \longrightarrow NaHSO_4 + HCl$$

   ・脱水作用：有機物を脱水するときの触媒として作用

   $$CH_3-CH_2-OH \longrightarrow CH_2=CH_2 + H_2O$$

   ・酸化作用：濃硫酸が酸化剤として作用

   $$2\,H_2SO_4 + Cu \longrightarrow CuSO_4 + 2\,H_2O + SO_2$$

4. 分解反応

   反応する物質が1つで，気体を発生して，安定なものに変化する。

   $$CaCO_3 \longrightarrow CaO + CO_2$$

問1 (1) 強酸(HCl)による弱酸(CO_2)の遊離

$$2\,HCl + CaCO_3 \longrightarrow CaCl_2 + H_2O + CO_2$$

(2) 濃硝酸の酸化力による二酸化窒素 NO_2 の発生

$$4\,HNO_3 + Cu \longrightarrow Cu(NO_3)_2 + 2\,H_2O + 2\,NO_2$$

(3) 強酸(希硫酸 H_2SO_4)による弱酸(H_2S)の遊離

$$H_2SO_4 + FeS \longrightarrow FeSO_4 + H_2S$$

(4) 不揮発性の酸(濃硫酸)による揮発性の酸(HCl)の遊離

$$NaCl + H_2SO_4 \longrightarrow NaHSO_4 + HCl$$

(5) 分解反応(酸化マンガン(Ⅳ)は触媒として働いている)

$$2\,H_2O_2 \longrightarrow 2\,H_2O + O_2$$

問2 (2)では濃硝酸が酸化剤に，(5)では H_2O_2 が酸化剤にも還元剤にもなっている。(5)の酸化マンガン(Ⅳ)は，酸性条件でないので触媒として働いており，酸化剤ではない。

問3 気体の乾燥剤には，次のようなものが用いられる。

酸性の乾燥剤：十酸化四リン P_4O_{10}，濃硫酸

中性の乾燥剤：塩化カルシウム $CaCl_2$

塩基性の乾燥剤：生石灰 CaO，ソーダ石灰(CaO と NaOH の混合物)

A～Dの気体は酸性の気体であり，酸性の気体の乾燥には塩基性の乾燥剤は使用できない。したがって，生石灰が使用できるのはEの O_2 のみである。なお，濃硫酸には酸化力もあるので，塩基性の気体とともに還元力のある気体(H_2S など)の乾燥にも，濃硫酸は使用できない。

問4 **a** 有色の気体は次の4つであり，あとはほとんど無色と覚えておくとよい。

・NO_2 (赤褐色)　・Cl_2 (黄緑色)　・O_3 (淡青色)　・F_2(淡黄色)

b 硫化水素は腐卵臭を示し，種々の金属イオンを硫化物として沈殿させるときに用いられる。硫酸銅(Ⅱ)水溶液に通じると，黒色沈殿の硫化銅(Ⅱ) CuS が生じる(Cu^{2+} は酸性条件下でも硫化物として沈殿する)。

c 水酸化カルシウム $Ca(OH)_2$ 水溶液のことを石灰水という。$Ca(OH)_2$ 水に CO_2 を通じると，はじめは白色沈殿の炭酸カルシウム $CaCO_3$ を生じるが，さらに通じるとこの沈殿は溶けて無色透明な水溶液になる。

$$Ca(OH)_2 + CO_2 \longrightarrow CaCO_3 + H_2O$$

$$CaCO_3 + H_2O + CO_2 \longrightarrow Ca^{2+} + 2\,HCO_3{}^-$$

沈殿が溶解する反応は，石灰岩 $CaCO_3$ が CO_2 を含む水に溶解して生じる鍾乳洞の成因に関係している。

d 水によく溶ける気体は，次の3つである。

・塩化水素 HCl 　・アンモニア NH_3 　・二酸化窒素 NO_2

HCl に NH_3 を近づけると，次の反応により生じた塩化アンモニウム NH_4Cl が微粉末のため，白煙を生じる。

$$NH_3 + HCl \longrightarrow NH_4Cl$$

この反応は，HCl や NH_3 の検出に利用されている。

なお，気体については次のようなことを整理しておくとよい。

水に不溶なので，水上置換法を用いて捕集できる気体。

・水素 H_2 　・酸素 O_2 　・一酸化炭素 CO 　・一酸化窒素 NO
・炭化水素(メタン CH_4，エチレン C_2H_4，アセチレン C_2H_2)

ポイント

1. 気体の発生反応は，反応原理により整理しておこう。
2. 加熱を要する発生反応，主な気体の乾燥剤，有色の気体，水によく溶ける気体などを整理しておこう。

金属元素の物質

第1問　金属の単体

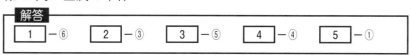

解説

　金属の単体の反応性は，イオン化傾向をもとにして次のように整理しておくとよい。

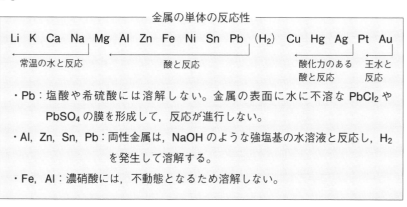

1	：NaOH 水溶液と反応して H_2 を発生することから，両性金属である。また，濃硝酸とは反応しないことから，イオン化傾向の非常に小さい Pt か Au，または不動態を形成する Fe か Al である。以上のことより Al である。
2	：常温の水と反応して H_2 を発生することから，Na よりイオン化傾向の大きい金属である。したがって，Ca である。
3	：希硫酸や酸化力のある硝酸とも反応しないことから，Pt よりイオン化傾向の小さい金属である。したがって，Pt である。
4	：希塩酸とは反応しないが，酸化力のある濃硝酸と反応して NO_2 を発生することから，イオン化傾向は，H_2 より小さく Ag より大きい金属である。したがって，Cu である。

5	：濃硝酸と反応しないことから，イオン化傾向の非常に小さい Pt か Au，ま

たは不動態を形成する Fe か Al である。NaOH 水溶液と反応しないこと
から，両性金属の Al ではない。希硫酸と反応して H_2 を発生することか
ら，Pt や Au ではない。したがって，Fe である。

　不動態は，酸化力の強い酸である濃硝酸を，Al や Fe と接触させたときに見られ
る現象である。Al や Fe をこれらの酸と接触させると，Al や Fe の金属の表面に，
緻密で安定な酸化物の皮膜が形成されるため，内部の金属が酸に対して保護され，
反応が進行しない状態になる。このような状態を不動態という。人工的に Al の表
面に耐食性皮膜を形成したものを，商品名でアルマイトという。

　酸化力のある酸(濃硝酸，希硝酸，濃硫酸など)と H_2 よりイオン化傾向の小さい
金属が反応したときには，H_2 ではなく NO_2 (濃硝酸)，NO (希硝酸)，SO_2 (濃硫酸)
などが発生することに注意しよう。

ポイント

1．水や酸との反応性は，イオン化傾向で整理しておこう。

2．強塩基の水溶液と反応するのは，両性金属である。

3．Fe，Al は，濃硝酸や濃硫酸と不動態を形成する。

4．鉛は，希塩酸や希硫酸に溶解しない。

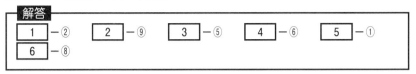

第2問　金属イオンの検出

解答

$\boxed{1}$ — ②　　$\boxed{2}$ — ⑨　　$\boxed{3}$ — ⑤　　$\boxed{4}$ — ⑥　　$\boxed{5}$ — ①

$\boxed{6}$ — ⑧

解説

　どのような金属イオンと陰イオンの組み合わせで，沈殿が生じるのかを整理しておかねばならない。非常に多くの金属イオンを沈殿させるような陰イオン（OH^-，S^{2-}）については，イオン化傾向で整理しておくとよい。

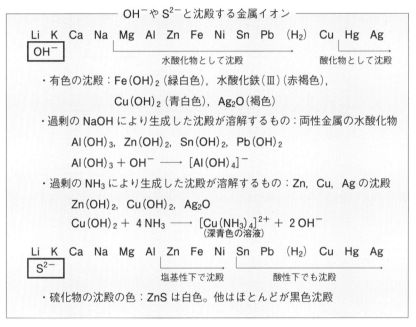

　水溶液の液性により，H_2Sによる硫化物の沈殿の生成が異なるのは，次のような理由からである。H_2Sは水に溶けて，次の電離平衡を形成する。

$$H_2S \rightleftharpoons 2H^+ + S^{2-}$$

　金属イオンが溶解している水溶液が塩基性の場合，ルシャトリエの原理より上記の平衡は右に移動して$[S^{2-}]$は大きくなるが，水溶液が酸性の場合，上記の平衡は左に移動して$[S^{2-}]$は小さくなる。すなわち，酸性条件では$[S^{2-}]$が小さいため，金属イオンは硫化物として沈殿しにくくなる。そのような条件でも硫化物の沈殿が

生じる金属イオンは，Sn よりイオン化傾向の小さい金属イオンであり，これらは硫化物として沈殿しやすいといえる。一方，Zn^{2+}，Fe^{2+}，Ni^{2+}は，$[S^{2-}]$が大きくなる塩基性条件下でないと沈殿しない。

さらに，次のような陰イオンと沈殿する陽イオンも，覚えておこう。

Cl^-	$Ag^+ \rightarrow AgCl$(白色)：過剰の NH_3 に溶解，感光性 $Pb^{2+} \rightarrow PbCl_2$(白色)：熱水に溶解
SO_4^{2-}	$Pb^{2+} \rightarrow PbSO_4$(白色)，$Ba^{2+} \rightarrow BaSO_4$(白色) $Ca^{2+} \rightarrow CaSO_4$(白色)
CO_3^{2-}	アルカリ土類金属イオン　$Ca^{2+} \rightarrow CaCO_3$(白色) $Mg^{2+} \rightarrow MgCO_3$(白色)
CrO_4^{2-}	$Ag^+ \rightarrow Ag_2CrO_4$(赤褐色)，$Pb^{2+} \rightarrow PbCrO_4$(黄色) $Ba^{2+} \rightarrow BaCrO_4$(黄色)

(1) Cl^- と反応して沈殿することから，Ag^+ か Pb^{2+} である。生じた沈殿が熱水に溶解することより，この沈殿は $PbCl_2$ である。

(2) 生成した沈殿が過剰の NaOH 水溶液に溶解することから，両性金属である。また，生成した沈殿が過剰の NH_3 水に溶解することから，Zn^{2+}，Cu^{2+}，Ag^+ のうちの一つである。したがって，Zn^{2+} となる。

(3) Cl^- と反応して沈殿を生じないことから，Ag^+ や Pb^{2+} ではない。SO_4^{2-} や CO_3^{2-} と反応して白色沈殿を生じることから，Ba^{2+} である。

(4) OH^- と反応して青白色の沈殿 $Cu(OH)_2$ を生じ，この沈殿は過剰の NH_3 水に溶解して深青色の溶液（$[Cu(NH_3)_4]^{2+}$）になることから，Cu^{2+} である。

(5) OH^- と反応して沈殿を生じないことから，アルカリ金属イオンかまたは Ba^{2+} である。炎色反応が赤紫色であることから，K^+ である。

(6) OH^- と反応して赤褐色の沈殿を生じ，この沈殿を塩酸に溶かすと黄褐色の溶液（Fe^{3+}）となることから，Fe^{3+} である。

> **ポイント**
>
> 1．OH^- や S^{2-} と沈殿する陽イオンは，イオン化傾向で整理しておこう。
> 2．Cl^-，SO_4^{2-}，CO_3^{2-}，CrO_4^{2-} と沈殿する陽イオンを覚えておこう。
> 3．過剰の NH_3 や OH^- により，錯イオンを形成する陽イオンを覚えておこう。

第3問　イオンの系統分離

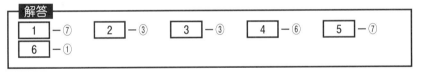

解答

| 1 | ⑦ | 2 | ③ | 3 | ③ | 4 | ⑥ | 5 | ⑦ |

| 6 | ① |

解説

　金属イオンの分離の場合，加えた試薬からもたらされた陰イオンとの沈殿を考えなければならない(第2問の解説を参照)。希塩酸では Cl^- と反応して沈殿する陽イオンを，硫化水素では S^{2-} と反応して沈殿する陽イオンを(この場合には酸性条件となっていることに注意)，NH_3 や $NaOH$ では OH^- と反応して沈殿する陽イオンをそれぞれ考える。また，NH_3 や $NaOH$ を過剰に加える場合には，生じた沈殿が錯イオンを形成して溶解するイオンにも注意しなければならない。

問1・問2

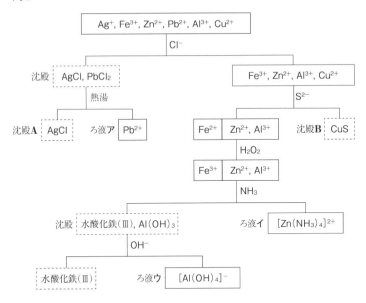

　煮沸することにより溶けている気体分子は追い出される。また，鉄イオンは Fe^{2+} と Fe^{3+} が存在していることに留意しておこう。

問3　H_2S は還元剤として作用するので，H_2S を通じると Fe^{3+} が Fe^{2+} に還元される。そこで，酸化剤として作用する H_2O_2 を加えて Fe^{2+} を Fe^{3+} に酸化している。

ポイント

1．過剰の NH_3 により生じた沈殿が錯イオンを形成して溶解するものは，Ag^+，Cu^{2+}，Zn^{2+}である。

$Ag_2O \longrightarrow [Ag(NH_3)_2]^+$

$Cu(OH)_2 \longrightarrow [Cu(NH_3)_4]^{2+}$（深青色）

$Zn(OH)_2 \longrightarrow [Zn(NH_3)_4]^{2+}$

2．過剰の OH^- により生じた沈殿が錯イオンを形成して溶解するものは，Al^{3+} や Zn^{2+} などの両性金属である。

$Al(OH)_3 \longrightarrow [Al(OH)_4]^-$

$Zn(OH)_2 \longrightarrow [Zn(OH)_4]^{2-}$

第4問　アルカリ金属とアルカリ土類金属

┌ 解答 ┐
| 1 |－④　　| 2 |－②　　| 3 |－②

┌ 解説 ┐

問1

── Na_2CO_3 と $NaHCO_3$ の性質 ──

	Na_2CO_3	$NaHCO_3$
加熱による変化	分解しにくい	CO_2 を発生して Na_2CO_3 に変化
水への溶解性	溶けやすい	溶けにくい
水溶液の性質	強い塩基性	弱い塩基性
酸との反応	CO_2 を発生	CO_2 を発生

① 正しい。アンモニアソーダ法では $NaHCO_3$ が沈殿する。

② 正しい。$2\,NaHCO_3 \longrightarrow Na_2CO_3 + CO_2 + H_2O$

③ 正しい。$CO_3^{2-} + Ca^{2+} \longrightarrow CaCO_3$（白色沈殿）

④ 誤り。どちらも弱酸と強塩基の中和により生じた塩であるので，水溶液は塩基性を示す。Na_2CO_3 水溶液にフェノールフタレインを滴下すると赤色を呈するが，$NaHCO_3$ 水溶液にフェノールフタレインを滴下すると，微赤色となる。

⑤ 正しい。

$Na_2CO_3 + 2\,HCl \longrightarrow 2\,NaCl + H_2O + CO_2$

$NaHCO_3 + HCl \longrightarrow NaCl + H_2O + CO_2$

問2　2族元素をアルカリ土類金属元素という。

① 正しい。Be，Mg は炎色反応を示さないが，Ca は橙赤色，Sr は紅（深赤）色，Ba は黄緑色の炎色反応を示す。

② 誤り。Mg の単体は常温の水とは反応しにくいが，熱水とは水素を発生して水酸化物が生じる。Ca，Sr，Ba の単体はいずれも常温の水と反応して水素を発生して水酸化物が生じる。

③ 正しい。Mg，Ca，Sr，Ba の酸化物は塩基性酸化物であり，酸と反応して塩を生じる。また，アルカリ土類金属元素の塩化物は水によく溶ける。よって，Mg，Ca，Sr，Ba の酸化物に塩酸を加えると，いずれも塩化物を生じて

溶解する。

④　正しい。Mg の水酸化物は水にほとんど溶けない。一方，Ca，Sr，Ba の水
　　酸化物は水に溶けると強い塩基性を示す。

⑤　正しい。アルカリ土類金属元素の炭酸塩はいずれも水に溶けにくい。

問3　反応により生じた AgCl と $BaSO_4$ はともに水に溶けない塩であるので，
　　Ag_2SO_4 が残っている間は，イオン濃度が減少するので，電流は小さくなる。

　　$BaCl_2$ を v〔mL〕滴下したとき，Ag_2SO_4 がなくなったとすると，

$$0.50 \times \frac{v}{1000} = 0.010 \times \frac{100}{1000} \quad \text{より，} \quad v = 2.0 (\text{mL})$$

　　したがって，2 mL 滴下したときに電流が最小となる。さらに，$BaCl_2$ を滴
　　下しても反応は起こらないので，$BaCl_2$ の濃度が大きくなり，電流は大きくな
　　る。このことより，グラフは②となる。

第5問 アンモニアソーダ法

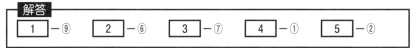

解答

| $\boxed{1}$ — ⑨ | $\boxed{2}$ — ⑥ | $\boxed{3}$ — ⑦ | $\boxed{4}$ — ① | $\boxed{5}$ — ② |

解説

アンモニアソーダ法は，炭酸ナトリウム Na_2CO_3 の工業的な製法である。工業的製法では，安くて大量に手に入る原料が使用される。Na_2CO_3 の化学式から，岩塩 $NaCl$ と石灰岩 $CaCO_3$ から次のような反応で合成できることが考えられる。

$$2\,NaCl + CaCO_3 \longrightarrow CaCl_2 + Na_2CO_3$$

しかし，Ca^{2+} と CO_3^{2-} は $CaCO_3$ として沈殿するので，水溶液中においては，上記の反応は左向きに進行して，右向きには進行しない。そこで，アンモニアを用いて，別の反応経路を経て上記の反応を進行させているのが，アンモニアソーダ法である。

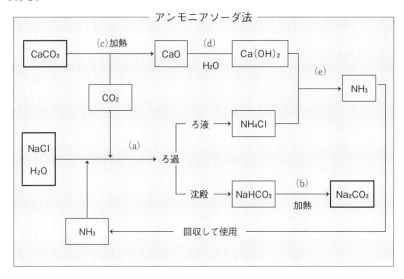

アンモニアソーダ法

(a) 飽和の食塩水に NH_3 を溶かしたのち CO_2 を通じると，溶解度の最も小さい $NaHCO_3$ が沈殿してくる。

$$NaCl + H_2O + NH_3 + CO_2 \longrightarrow NaHCO_3 + NH_4Cl$$

(b) ろ過して集めたこの $NaHCO_3$ を加熱すると，Na_2CO_3 に分解する。

$$2\,NaHCO_3 \longrightarrow Na_2CO_3 + H_2O + CO_2$$

(c) 原料の CO_2 は，石灰岩を加熱分解して得る。

$$CaCO_3 \longrightarrow CaO + CO_2$$

(d) 反応(c)で得られた CaO を水と反応させて $Ca(OH)_2$ にする。

$$CaO + H_2O \longrightarrow Ca(OH)_2$$

(e) この $Ca(OH)_2$ を反応(a)のろ液に加えると，強塩基による弱塩基の遊離に基づく反応が起こり，NH_3 が回収できる。

$$2\,NH_4Cl + Ca(OH)_2 \longrightarrow CaCl_2 + 2\,H_2O + 2\,NH_3$$

結局，(a)〜(e)を一つにまとめると，次の反応が起こったことになる。

$$2\,NaCl + CaCO_3 \longrightarrow CaCl_2 + Na_2CO_3$$

得られた Na_2CO_3 は，ガラスの製造などの化学工業に多量に用いられる。

ポイント

岩塩 $NaCl$ と石灰岩($CaCO_3$)から，Na_2CO_3 をつくる方法がアンモニアソーダ法である。

第6問 石灰石の反応

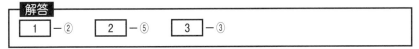

解答

| 1 | ② | 2 | ⑤ | 3 | ③ |

解説

Caの化合物は，石灰石 $CaCO_3$ を原料とする種々の化合物の合成経路を整理しておこう。

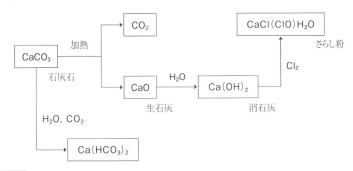

1 CaO：酸化カルシウムは生石灰とも呼ばれ，水と混合すると次の反応により大きな発熱を伴う。

$$CaO + H_2O \longrightarrow Ca(OH)_2$$

この発熱現象は，水を加えると煙が出てくる加熱蒸散型の殺虫剤などに利用されている。また，CaO は乾燥剤としても使用される。

2 $Ca(OH)_2$：水酸化カルシウムは消石灰とも呼ばれ，水への溶解度は小さいが，その水溶液を石灰水という。

3 $Ca(HCO_3)_2$：炭酸水素カルシウムは水溶液中でのみ安定であり，結晶としては得られない。石灰岩地帯に CO_2 を含む地下水が流入すると，長い年月を経て，次の反応により石灰岩が溶解して鍾乳洞が生成する。

$$CaCO_3 + H_2O + CO_2 \longrightarrow Ca(HCO_3)_2$$

この反応は，H_2CO_3 が酸，CO_3^{2-} が塩基として働く中和反応である。

第7問 アルミニウム

解説

問1 一般的に，イオン化傾向が大きい金属ほど単体になりにくく，イオン化傾向が小さい金属ほど容易に単体になりやすい。イオン化傾向の大きい Al や Na などは，水溶液の電気分解や C，CO などの還元剤で還元して単体をつくることができないため，溶融塩電解(融解塩電解)によって単体が合成されている。

Li，K，Ca，Na，Mg，Al，| Zn，Fe，Ni，Sn，Pb，(H₂)，Cu，Hg，Ag，Pt，Au

溶融塩電解 ←──────────────── ────────→ C や CO での還元が可能
(融解塩電解)

　アルミニウムの原料鉱石はボーキサイトで，その主成分は Al_2O_3 である。不純物の Si や Fe を除くため，ボーキサイトを濃い水酸化ナトリウム水溶液に溶解して両性元素の Al のみを溶液に分離する。溶液を水で希釈して $Al(OH)_3$ を沈殿させたのち加熱すると，純粋な Al_2O_3 を得ることができる。Al_2O_3 の融点は約2050℃と非常に高いので，融点よりも低い温度で電気分解するために，氷晶石 Na_3AlF_6 を約1000℃で融解させて Al_2O_3 を溶かしたのち，炭素電極を用いて融解液の電気分解を行うと，陽極では CO や CO_2 が発生し，陰極で Al が析出する。

$$陽極(C)：O^{2-} \longrightarrow \frac{1}{2}O_2 + 2e^-$$

$$\frac{1}{2}O_2 + C(電極) \longrightarrow CO \quad (一部，O_2 + C \longrightarrow CO_2)$$

$$C + O^{2-} \longrightarrow CO + 2e^- \quad (C + 2O^{2-} \longrightarrow CO_2 + 4e^-)$$

$$陰極(C)：Al^{3+} + 3e^- \longrightarrow Al$$

問2 ① 正しい。濃硝酸を加えると不動態となるため，Al や Fe はほとんど溶解しない。

② 正しい。アルミニウムは両性金属であるため，その単体や酸化物は酸にも強塩基にも溶解する。

③　誤り。過剰のアンモニアにより，生じた沈殿が溶けるものは，Ag^+，Cu^{2+}，Zn^{2+}などであり，アルミニウムは $Al(OH)_3$ として沈殿する。

④　正しい。宝石のルビーやサファイアは Al_2O_3 の結晶で，微量に含まれている Cr や Fe などが赤や青の色の原因となっている。

問3　Al と $NaOH$ の反応および Al と O_2 の反応の二つの化学反応式を書いて考えていこう。

$$2\,Al + 2\,NaOH + 6\,H_2O \longrightarrow 2\,Na\,[Al(OH)_4] + 3\,H_2$$

この反応式は難しいので，次のように考えてもよい。原子価が Al は3価であり，H は1価であるので，Al 原子 $1\,mol$ に対して，H 原子は $3\,mol$ 反応する。すなわち，Al 原子 $1\,mol$ に対して，H_2 分子は $1.5\,mol$ 生じることになる。このように考えれば，化学反応式が書けなくても，モル計算は可能である。

反応した Al の物質量：$0.15 \times \dfrac{2}{3} = 0.10\,mol$

$$4\,Al + 3\,O_2 \longrightarrow 2\,Al_2O_3$$

生成した Al_2O_3 の質量：$102 \times 0.10 \times \dfrac{1}{2} = 5.1\,g$

問4　**a**　誤り。ミョウバンは，弱塩基 $Al(OH)_3$ と強酸 H_2SO_4 の中和により生じた塩と，強塩基 KOH と強酸 H_2SO_4 の中和により生じた塩の複塩と考えられる。弱塩基と強酸の中和により生じる塩は酸性であることから，ミョウバンの水溶液は弱い酸性を示す。

b　誤り。次の反応により，白色沈殿 $PbSO_4$ が生じる。

$$Pb^{2+} + SO_4^{2-} \longrightarrow PbSO_4$$

c　正しい。次の反応により，白色沈殿 $Al(OH)_3$ が生じる。

$$Al^{3+} + 3\,OH^- \longrightarrow Al(OH)_3$$

$Al(OH)_3$ は過剰の NH_3 には溶解しない。

■ポイント

アルミニウムの製錬法，不動態や両性金属の特徴などを整理しておこう

— 85 —

第8問 亜鉛，スズ，鉛

解答

| 1 | ― ③ | 2 | ― ⑤ | 3 | ― ① | 4 | ― ④ |

解説

問1 ① 単体が NaOH に溶解することから，両性元素と推定される。両性元素
で HCl や H_2SO_4 に溶解しないものは，Pb である。Pb は H_2 よりイオン化
傾向は大きいが，表面に水に溶けにくい塩化物($PbCl_2$)や硫酸塩($PbSO_4$)
の膜が生じるので，希塩酸や希硫酸とはほとんど反応しない。また，Pb は
放射線を吸収する力が大きいので，放射線の防護材として使われる。

② 常温で単体が液体の金属は Hg である。Hg の原料鉱石は辰砂(シン
シャ)HgS と呼ばれる。

③ 水酸化物が NaOH にも NH_3 にも溶解することから，OH^- とも NH_3 と
も錯イオンを形成する Zn と判断できる。5円硬貨は Cu と Zn の合金で
ある黄銅(しんちゅう)からなり，乾電池の負極は Zn である。

④ Cd は亜鉛鉱石中に含まれ，飛騨神岡の亜鉛精錬所から神通川に流出し
た Cd は，イタイイタイ病の原因と考えられている。CdS はカドミイエ
ローという顔料になり，自動車の着色剤などに使われている。

⑤ 10円硬貨やブロンズ像は Cu とスズの合金である青銅からなる。また，
鉄板の表面にスズをコーティングしたものをブリキという。スズは鉄より
イオン化傾向が小さく，ブリキは外観が美しいのでバケツや缶詰などに使
われている。Sn^{2+} は Sn^{4+} になりやすく，Sn^{2+} の化合物は還元剤として
用いられる。

問2 亜鉛は両性金属なので，酸にも過剰の強塩基にも溶解して，水素を発生する。
操作アでは，次の反応が起こり H_2 が発生する。

$$Zn + 2\,NaOH + 2\,H_2O \longrightarrow Na_2\,[Zn(OH)_4] + H_2$$

操作イの前の水溶液は，強塩基性となっている。ここに，酸を少しずつ加え
て，弱塩基性から中性にすると，水酸化亜鉛 $Zn(OH)_2$ の白色沈殿が生じる。
酸を加えすぎると，水溶液は酸性となり沈殿は溶解する。したがって，操作イ
で加える試薬は，塩酸である。

第9問　銅

解答

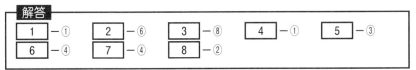

| 1 － ① | 2 － ⑥ | 3 － ⑧ | 4 － ① | 5 － ③ |
| 6 － ④ | 7 － ④ | 8 － ② | | |

解説

問1　黄銅鉱から得た銅(粗銅)には不純物が含まれるので，粗銅は電気分解によって精製される。このとき，粗銅は陽極，純銅は陰極，電解液として硫酸銅(Ⅱ)水溶液が用いられる。

───── 陽極・陰極における反応 ─────

陽極：電極が C，Pt 以外の金属電極の場合には，電極の溶解反応が起きる。

陰極：電極の種類にかかわらず，イオン化傾向の最も小さい陽イオンが電子を受け取る反応が起きやすい。

それぞれの電極反応は次のようになる。

陽極（粗銅）：$Cu \longrightarrow Cu^{2+} + 2e^-$

$Fe \longrightarrow Fe^{2+} + 2e^-$

陰極（純銅）：$Cu^{2+} + 2e^- \longrightarrow Cu$

このとき，Cu よりイオン化傾向の小さい不純物は，陽極で放電できず，単体のまま陽極の下に沈殿（陽極泥という）する。Cu よりイオン化傾向の大きい不純物は，陽極で放電(電子を放出して陽イオンになる)するが，陰極では析出できないので，イオンのまま溶液中にとどまる。ただし，Pb^{2+} は溶液中の SO_4^{2-} と反応して，$PbSO_4$ の形で沈殿する。したがって，Ag は陽極の下に単体のまま沈殿するが，鉄はイオンとして溶液中にとどまる。

問2　銅はイオン化傾向が H_2 より小さいので，希硫酸や塩酸には溶けないが，酸化力のある硝酸や濃硫酸には溶解する。濃硝酸とは次のように反応して，NO_2 の気体を発生し，青緑色の溶液（Cu^{2+}）となる。

$4 HNO_3 + Cu \longrightarrow Cu(NO_3)_2 + 2 H_2O + 2 NO_2$

Cu^{2+} を含む水溶液に NaOH 水溶液を加えると，次の反応により，青白色の水酸化銅(Ⅱ)の沈殿が生じる。

$Cu^{2+} + 2 OH^- \longrightarrow Cu(OH)_2$

この沈殿に NH_3 水を加えると，Cu^{2+} は NH_3 とテトラアンミン銅（Ⅱ）イオン $[Cu(NH_3)_4]^{2+}$ を形成するため，$Cu(OH)_2$ は溶解し，深青色の水溶液となる。

$$Cu(OH)_2 + 4\,NH_3 \longrightarrow [Cu(NH_3)_4]^{2+} + 2\,OH^-$$

$Cu(OH)_2$ の沈殿を加熱すると，次のように脱水反応を起こし，黒色の酸化銅（Ⅱ）CuO となる。

$$Cu(OH)_2 \longrightarrow CuO + H_2O$$

CuO は銅を加熱しても得られる。

$$2\,Cu + O_2 \longrightarrow 2\,CuO$$

得られた CuO は，酸化剤として用いられる。例えば，赤熱した銅線（CuO）を，メタノール CH_3OH の入った試験管に近づけると，銅線は還元されてきれいな赤色の銅に変化し，CH_3OH は酸化されて刺激臭を呈するホルムアルデヒド $HCHO$ に変化する。

$$CuO + CH_3OH \longrightarrow Cu + HCHO + H_2O$$

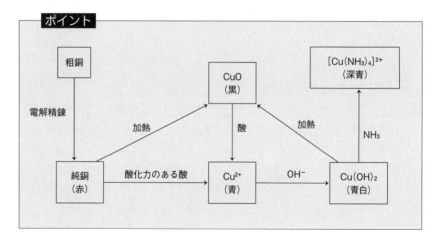

第10問 鉄，コバルト，ニッケル

解説

問1　鉄イオンには Fe^{2+} と Fe^{3+} の2種類が存在する。Fe^{2+} と Fe^{3+} の検出反応は頻出事項なので，整理しておこう。

――― Fe^{2+} と Fe^{3+} の検出反応 ―――

	Fe^{2+}	Fe^{3+}
溶液の色	淡緑色	褐色～黄褐色
酸化力と還元力	還元力をもつ	酸化力をもつ
OH^-	$Fe(OH)_2$ 緑白色沈殿	赤褐色沈殿
$K_4[Fe(CN)_6]$	―	濃青色沈殿
$K_3[Fe(CN)_6]$	濃青色沈殿	―
KSCN	変化なし	血赤色の溶液

① 正しい。空気中の酸素により，一部の Fe^{2+} が酸化されて Fe^{3+} になるので，通常，実験室においては純粋な Fe^{2+} の水溶液は得られにくい。

② 正しい。Fe^{2+} は Fe^{3+} に酸化されやすいので，還元性がある。したがって，硫酸酸性にした赤紫色の $KMnO_4$ 水溶液を加えると，MnO_4^- は Mn^{2+} に還元されて，赤紫色が消える。このように，還元性のある物質の検出反応として，$KMnO_4$ 水溶液の脱色がよく用いられる。

③ 正しい。Fe^{2+} の水溶液に $K_3[Fe(CN)_6]$ を加えると，濃青色の沈殿が生じる。$K_3[Fe(CN)_6]$ の Fe 原子の酸化数は +3 であることに注意しよう。

④ 誤り。赤褐色の水酸化鉄(Ⅲ)の沈殿が生じる。

⑤ 正しい。Fe^{3+} の水溶液に $K_4[Fe(CN)_6]$ を加えると，濃青色の沈殿が生じる。$K_4[Fe(CN)_6]$ の Fe 原子の酸化数は +2 であることに注意しよう。

問2　① 誤り。鉄鉱石(Fe_2O_3)をコークス(C)や石灰石($CaCO_3$)とともに溶鉱炉に入れて，空気とともに加熱すると，コークスの燃焼により生じた CO により Fe_2O_3 が還元されて Fe が生じる。

$$Fe_2O_3 + 3\,CO \longrightarrow 2\,Fe + 3\,CO_2$$

このとき生じた Fe は銑鉄と呼ばれ，数 %の C を含むので，もろくて延

性，展性に乏しい。この銑鉄の C 含量を減らしたものを鋼といい，硬くて強い。また，鉄鉱石中に含まれる SiO_2 などは，$CaCO_3$ と反応してスラグと呼ばれるケイ酸塩として分離される。

② 正しい。50 円，100 円，500 円硬貨は，Cu と Ni の合金である白銅からなる。

③ 正しい。Co は Fe とよく似た性質をもつ元素であるが，腐食しにくいので合金材料として用いられている。Co の酸化物は青色であり，古くから陶器やガラスの着色剤として使われている。また，放射性同位体は γ 線源として，医療に用いられている。

④ 正しい。Ni は Co とともに Fe に似た性質をもつ元素である。Ni は H_2 吸蔵合金，油脂に H_2 を付加するときなどの化学反応の触媒，ニッケル-カドミウム電池の正極などに用いられている。

⑤ 正しい。Fe が空気中で錆びる機構は，次の通りである。

まず，空気中の O_2 により Fe が酸化される。

酸化剤：$O_2 + 2H_2O + 4e^- \longrightarrow 4OH^-$

還元剤：$Fe \longrightarrow Fe^{2+} + 2e^-$

生じた Fe^{2+} は OH^- と反応して $Fe(OH)_2$ になる。

$Fe^{2+} + 2OH^- \longrightarrow Fe(OH)_2$

$Fe(OH)_2$ はさらに O_2 により酸化されて，黒さび Fe_3O_4 や赤さび Fe_2O_3 となる。なお，上記の反応は，塩と水の存在により速くなる。

⑥ 正しい。Zn は Fe よりイオン化傾向が大きいので，Zn を負極，Fe を正極とする電池が形成され，空気中の酸素は Fe を酸化しないで，Zn を酸化する。したがって，Zn があるかぎりは，Fe がさびにくくなる。この原理を応用したものが，トタンである。

⑦ 誤り。Fe や Al は，濃硝酸とは不動態を形成して，ほとんど反応しない。

第11問　銀

解説

問1　Ag^+ を含む水溶液に Cl^- を加えると，白色の $AgCl$ の沈殿が生じる。

$$Ag^+ + Cl^- \longrightarrow AgCl$$

　　この沈殿にアンモニア水を十分加えると，Ag^+ は NH_3 と無色の錯イオン $[Ag(NH_3)_2]^+$ を形成して，$AgCl$ の沈殿は溶解する。Cu^{2+} が NH_3 と錯イオンを形成するときには，4個の NH_3 分子と結合するが，Ag^+ の場合は2個の NH_3 分子と結合することに注意しよう。また，$AgCl$ には感光性があるので，この沈殿を光にさらしたまま放置すると，Ag が生成して白色から黒色に変化する。

　　Ag^+ を含む水溶液に OH^- を加えると，褐色の Ag_2O の沈殿が生じる。

$$2\,Ag^+ + 2\,OH^- \longrightarrow Ag_2O + H_2O$$

　　この沈殿にアンモニア水を十分加えると，$[Ag(NH_3)_2]^+$ を形成して，Ag_2O の沈殿は溶解する。

問2　① 　正しい。熱や電気の伝導性が大きい金属は，Ag が最大，次に Cu，Au の順序である。

　　② 　誤り。Ag や Cu は硝酸や熱濃硫酸には溶解する。

　　③ 　正しい。ハロゲン化銀のうち，水に溶解するものは AgF のみであり，$AgCl$(白色沈殿)，$AgBr$(淡黄色沈殿)，AgI(黄色沈殿)は水に溶けにくい。

　　④ 　正しい。$AgNO_3$ 水溶液は無色である。

　　⑤ 　正しい。$AgCl$ には感光性があり，次のように変化する。

$$2AgCl \longrightarrow 2Ag + Cl_2$$

問3　$CrO_4{}^{2-}$ と沈殿を生じる金属イオンは，Ag^+，Pb^{2+}，Ba^{2+} である。

$$2\,Ag^+ + CrO_4{}^{2-} \longrightarrow Ag_2CrO_4 \text{（赤褐色沈殿）}$$

$$Pb^{2+} + CrO_4{}^{2-} \longrightarrow PbCrO_4 \text{（黄色沈殿）}$$

$$Ba^{2+} + CrO_4{}^{2-} \longrightarrow BaCrO_4 \text{（黄色沈殿）}$$

反応式より, 1 mol の CrO_4^{2-} に対して 2 mol の Ag^+ が反応し, 1 mol の Ag^+ に対して 1 mol の Cl^- が反応する。

$AgNO_3$ 水溶液の濃度を x 〔mol/L〕とすると, Ag_2CrO_4 の沈殿が生じたときに, 溶液中に残っている Ag^+ の物質量は,

$$x \times \frac{100}{1000} - 0.40 \times \frac{50}{1000} \times 2$$

これがすべて AgCl として沈殿したのであるから,

$$x \times \frac{100}{1000} - 0.40 \times \frac{50}{1000} \times 2 = 1.0 \times \frac{10}{1000}$$

$$x = 0.50 \, (mol/L)$$

ポイント

1. Ag^+ は過剰の NH_3 と反応して錯イオンを形成する。

2. ハロゲン化銀のうち, AgF 以外は水に不溶である。

3. CrO_4^{2-} と赤褐色の沈殿 Ag_2CrO_4 を生じる。

第12問　クロム

解説

a 正しい。硫酸で酸性にした $Cr_2O_7{}^{2-}$ の水溶液には酸化作用があり，H_2O_2 水に加えると，赤橙色の $Cr_2O_7{}^{2-}$ から緑色の Cr^{3+} に変化する。

$$Cr_2O_7{}^{2-} + 14H^+ + 6\,e^- \longrightarrow 2\,Cr^{3+} + 7\,H_2O$$

b 誤り。$CrO_4{}^{2-}$ の Cr 原子の酸化数は $+6$ である。これは次のように計算すればよい。Cr 原子の酸化数を x とすると，O 原子の酸化数は -2 より，

$$x + (-2) \times 4 = -2 \quad \text{より} \quad x = +6$$

c 正しい。$CrO_4{}^{2-}$（黄色）と $Cr_2O_7{}^{2-}$（赤橙色）は，水溶液中では常に次の平衡を形成して共存しており，互いに変化することが可能である。

$$2\,CrO_4{}^{2-}\text{（黄色）} + 2\,H^+ \rightleftharpoons Cr_2O_7{}^{2-}\text{（橙赤色）} + H_2O$$

ルシャトリエの原理より，溶液を酸性にすると上記の平衡が右に移動して $Cr_2O_7{}^{2-}$（赤橙色）が増加し，塩基性にすると平衡が左に移動して $CrO_4{}^{2-}$（黄色）が増加する。このとき色の変化を伴うが，$CrO_4{}^{2-}$ と $Cr_2O_7{}^{2-}$ の Cr 原子の酸化数はともに $+6$ であり，酸化還元反応ではないことに注意しよう。

実験器具と試薬の取り扱い

第1問　器具の名称と使用法

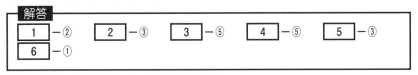

解答

1	－ ②		2	－ ③		3	－ ⑤		4	－ ⑤		5	－ ③
6	－ ①											

解説

①　ビュレット：中和滴定や酸化還元滴定に用い，滴定に要した液体の体積を正確
　　　　　　　に知ることができる。洗浄方法は，蒸留水で洗った後，使用する
　　　　　　　溶液で数回洗浄して濡れたまま用いる。加熱乾燥してはいけない。

②　ホールピペット：正確に一定量の液体の体積をはかり取るときに用いる。洗浄
　　　　　　　方法は，蒸留水で洗った後，使用する溶液で数回洗浄して濡
　　　　　　　れたまま用いる。加熱乾燥してはいけない。

③　分液ろうと：互いに溶け合わない2種類の液体を分離するときに用いる。

④　メスシリンダー：液体のおおよその体積をはかり取るときに用いる。

⑤　メスフラスコ：溶液の体積を正確に調整するときに用いる。水溶液の場合は，
　　　　　　　蒸留水で洗った後，濡れたまま用いてよい。加熱乾燥してはい
　　　　　　　けない。

⑥　ろうと：ろ過の操作を行うときに用いる。蒸留水で洗った後，濡れたまま用い
　　　　　　てよい。加熱乾燥してもかまわない。

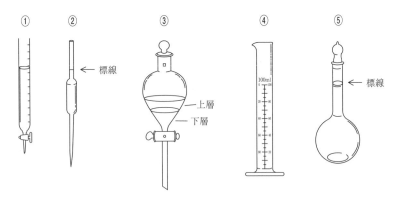

第2問　蒸留

解答

| 1 |－①

解説

① 正しい。水道水を用いるので，空気が混入する。問題の図のように水を上から下の方に流すと，混入した空気が冷却管から押し出されないで残ってしまい，冷却効率が悪くなる。水を下から上の方に流すと，空気は上方から押し出されて，冷却管に残ることはない。

② 三角フラスコの口を密栓すると，装置内が密閉状態になり，圧力が高くなって危険である。三角フラスコの口はガラス綿などで軽くふたをする。

③ 沸騰して生じた蒸気の温度をはかりたいので，温度計の球部はフラスコの枝分かれの部分に位置し，食塩水中につけてはならない。

④ 沸騰石内にとじこめられている空気が出てくることにより，突沸が起こり難くなっているので，新しい沸騰石を用いる必要がある。

⑤ あまり多くの食塩水をフラスコ中に入れると，沸騰により生じた液体飛沫が冷却管に出て行く恐れがあるので，フラスコ内に入れる液体の量は，フラスコの球の体積の半分より少なくする。

第3問　試薬の保存法

解説

① 赤リンと黄リンは同素体の関係にある。黄リンは，空気に接すると発火するので，水中に保存する。赤リンは赤褐色の粉末であり，安定なので特に保存上注意する必要はない。黄リンを石油エーテル中に保存すると，溶けてしまう。

② ナトリウムは水や酸素と反応するので，石油エーテル中に保存する。アルコールはヒドロキシ基をもつので，ナトリウムと反応して水素を発生する。

③ ガラスの主成分は二酸化ケイ素 SiO_2 である。SiO_2 は共有結合からなる固体であるため安定であるが，酸性酸化物に分類され，濃厚な水酸化ナトリウム水溶液とは徐々に反応してケイ酸ナトリウムに変化する。そのため，濃厚な水酸化ナトリウム水溶液はガラス容器に保存してはならない。

④ 感光性のある銀や酸化力の強い濃硝酸などは，着色した瓶に入れて冷暗所に保存する。硝酸は光の下で次のように分解する。

$$4\,HNO_3 \longrightarrow 4\,NO_2 + 2\,H_2O + O_2$$

⑤ 濃硫酸は不揮発性の酸であるが，空気中の水分を吸収する性質があるので，密栓して保存する。ヨウ素は昇華性のある固体なので，密栓して保存する。

第4問　試薬の性質

解説

① 誤り。潮解とは，固体が大気中の水分を取り込んでべとつき，最終的にはその固体の水溶液ができる現象をいう。潮解性を示す化合物として，水酸化ナトリウム $NaOH$，塩化鉄(III)$FeCl_3$，塩化カルシウム $CaCl_2$，塩化マグネシウム $MgCl_2$ などがあり，塩化ナトリウムには潮解性はない。食塩の中には，空気中に放置しておくと，水分を吸収して固まるものがあるが，これは食塩中に存在している $MgCl_2$ の潮解性によるものである。$MgCl_2$ を除けばさらさらとした食卓塩が得られる。

② 正しい。風解とは，結晶水をもつ結晶を空気中におくと，結晶水が取れて粉末状になる現象をいう。$Na_2CO_3・10H_2O$ や $Na_2SO_4・10H_2O$ などが風解を示す。

③ 正しい。$CaCl_2$ や酸化カルシウム CaO は吸湿性があり，乾燥剤として用いられる。

④ 正しい。CaO が水と反応して $Ca(OH)_2$ になるときに大きな発熱を伴い，濃硫酸を水と混合するときも大きな発熱を伴う。濃硫酸から希硫酸をつくるときには，水の中に濃硫酸を少しずつ混合する。濃硫酸の中に水を混合すると，水が沸騰して濃硫酸とともに飛散するので危険である。

⑤ 正しい。白色の無水硫酸銅(II)$CuSO_4$ に水を加えると，水和水を持った青色の結晶性の硫酸銅(II)五水和物 $CuSO_4・5H_2O$ に変わる。この反応は少しの水分でも進行するので，水分の検出に用いられる。

無機・理論融合問題

第1問　塩素の反応と酸化還元

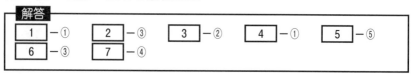

解説

　次亜塩素酸ナトリウム $NaClO$ は，弱酸である次亜塩素酸 $HClO$ と強塩基である水酸化ナトリウム $NaOH$ の中和により生じる塩であるので，この塩に強酸である塩化水素 HCl を加えると弱酸である $HClO$ が生じる。そのため，溶液中に HCl と $HClO$ が増加することになり，ルシャトリエの原理により，本文中の(1)式の平衡が左に移動して有毒な塩素 Cl_2 が発生する。

問1　酸化数

　酸化数の計算法は，マーク式基礎問題集の化学基礎の**第6章**の**問2**の**解答・解説編**を参照してください。

　Cl の最外殻電子数は7であるので，酸化数は $-1 \sim +7$ を取り得る。

　HCl：Hの酸化数が $+1$ であるので，Cl の酸化数は -1 となる。

　$HClO$：まずHの酸化数を $+1$，次にOの酸化数を -2 とすると，Cl の酸化数は $+1$ となる。

問2　酸化剤と還元剤

　Cl の酸化数は，塩素 Cl_2 の0から HCl の -1 と $HClO$ の $+1$ に変化している。酸化数は減少もしており，増加もしているので，Cl_2 は酸化剤でもあり還元剤でもある。

問3　ヨウ素ヨウ化カリウム水溶液

　酸化力は Cl_2 の方がヨウ素 I_2 より強いので，Cl_2 が酸化剤，ヨウ化カリウム KI が還元剤としてはたらいて，I_2 が生じる。

　　$Cl_2 + 2KI \longrightarrow 2KCl + I_2$

　生じた I_2 は水には溶けにくいが，水溶液中にヨウ化物イオン I^- が存在すると，三ヨウ化物イオン I_3^- が生じて褐色の水溶液になる。よく用いられるヨウ素溶液はヨウ素ヨウ化カリウム水溶液のことである。

$I_2 + I^-$（無色） $\rightleftharpoons$ I_3^-（褐色）

したがって，無色の KI 水溶液から褐色のヨウ素ヨウ化カリウム水溶液に変化する。

問 4 NaClO の生成

a NaOH 水溶液に Cl_2 を通じると，次の酸化還元反応(1)により HCl と HClO が生じ，生じた HCl と HClO がさらに NaOH と中和反応(2)，(3)を起こして，NaCl や漂白作用のある NaClO を生じる。

$Cl_2 + H_2O \longrightarrow HCl + HClO$ $\qquad\qquad$ (1)

$HCl + NaOH \longrightarrow NaCl + H_2O$ $\qquad\qquad$ (2)

$HClO + NaOH \longrightarrow NaClO + H_2O$ $\qquad\qquad$ (3)

上記の一連の反応(1)〜(3)を1つにまとめると，次の反応(4)となる。

$Cl_2 + 2\,NaOH \longrightarrow NaCl + NaClO + H_2O$ $\qquad\qquad$ (4)

b 前述の反応(4)より，0.10 mol の Cl_2 と反応する NaOH は 0.20 mol となる。

第2問　NH₃とHNO₃の工業的製法と化学平衡，熱化学

解答

| 1 |－①　| 2 |－②　| 3 |－③　| 4 |－⑤

解説

問1　工業的製法と触媒

工業的製法において，反応が速やかに起こりにくい段階では，適当な触媒が用いられる。どこにどんな触媒が用いられているかの知識は持っておこう。問題文中の反応(1)のハーバー・ボッシュ法では，四酸化三鉄 Fe_3O_4 を主成分とする触媒が用いられており，オストワルト法の反応(2)の段階では，白金 Pt が触媒として用いられている。

選択肢中の酸化バナジウム(V)V_2O_5 は，工業的に硫酸 H_2SO_4 を製造する場合の触媒として，酸化マンガン(IV)MnO_2 は，実験室で過酸化水素 H_2O_2 を分解して酸素 O_2 を発生させる場合の触媒として，それぞれ用いられている。

問2　ルシャトリエの原理

反応(1)において，NH_3 が生成する方向は気体の分子数が減少する反応であることから，ルシャトリエの原理より，圧力が高いほど NH_3 の生成量は増加する。したがって，図の圧力は $P_1 > P_2$ である。また，圧力を一定に保った場合，温度が低いほど NH_3 の生成量が増加していることから，ルシャトリエの原理より，NH_3 が生成する方向は発熱反応と推定できる。

問3　結合エネルギーと反応エンタルピー

求める NH_3 の生成エンタルピーを Q〔kJ/mol〕とすると，NH_3 の生成反応は次のようになる。

$$\frac{1}{2}N_2(気) + \frac{3}{2}H_2(気) \longrightarrow NH_3(気) \qquad \Delta H = Q〔kJ〕$$

反応エンタルピーと結合エネルギーの関係は，

> 反応エンタルピー＝(反応物の結合エネルギーの和) －
> 　　　　　　　　　　　(生成物の結合エネルギーの和)

したがって，

$$Q = \left(\frac{1}{2} \times 945 + \frac{3}{2} \times 436 \right) - 3 \times 391 = -46.5\,\text{kJ/mol}$$

問4　オストワルト法

　　NH_3 を原料とする HNO_3 の工業的製法は，オストワルト法と呼ばれ，問題文中の(2)〜(4)の 3 つの反応からなる。中間体である NO と NO_2 を消去して，これらの 3 つの反応を 1 つにまとめると，

　　　$NH_3 + 2O_2 \longrightarrow HNO_3 + H_2O$

　　したがって，

　　　　用いた NH_3 の物質量 ＝ 生じた HNO_3 の物質量

　　求める濃硝酸の体積を $x\,(L)$ とすると，

$$\frac{11.2 \times 10^3}{22.4} = 1.40 \times x \times 10^3 \times \frac{60.0}{100} \times \frac{1}{63}$$

　　$x = 37.5\,\text{L}$

　　ただし，3 つの反応を 1 つにまとめなくても，NH_3 中の N 原子がすべて HNO_3 中の N 原子に変化しているので，1 mol の NH_3 からは 1 mol の HNO_3 が生じることがわかる。

第3問 過酸化水素の分解反応と反応速度

解答

| 1 | – ③ | 2 | – ① | 3 | – ④ | 4 | – ⑤ |

解説

問1 酸化マンガン(Ⅳ)MnO_2 のはたらき

　　MnO_2 は酸化剤や触媒として用いられる場合が多く，一般的には，酸性条件の場合は酸化剤であり，酸性条件でなければ触媒と判断してよい。したがって，塩化水素 HCl に MnO_2 を作用させた場合は酸化剤，過酸化水素 H_2O_2 や塩素酸カリウム $KClO_3$ に MnO_2 を作用させた場合は触媒としてはたらいている。

$$4\,HCl + MnO_2 \longrightarrow MnCl_2 + 2\,H_2O + Cl_2 \qquad (1)$$

$$2\,H_2O_2 \longrightarrow 2\,H_2O + O_2 \qquad (2)$$

$$2\,KClO_3 \longrightarrow 2\,KCl + 3\,O_2 \qquad (3)$$

　　(1)〜(3)の反応は全て酸化還元反応であり，(1)では酸化剤が MnO_2，還元剤が HCl，(2)では酸化剤も還元剤も H_2O_2，(3)では酸化剤も還元剤も $KClO_3$ である。したがって，(2)と(3)の MnO_2 は触媒である。

問2 水上置換法により捕集した気体の物質量

　　次の反応で発生した酸素 O_2 を水上置換法で捕集し，捕集した O_2 の体積から発生した O_2 の物質量を求める。その値から反応してなくなった H_2O_2 の物質量を計算して，残っている H_2O_2 の濃度を求めることができる。

$$2\,H_2O_2 \longrightarrow 2\,H_2O + O_2$$

　　ここで，水上置換法で気体を捕集した場合は，次の2点に留意する必要がある。

　　1．目盛り付きの容器内は水蒸気との混合気体になっており，水蒸気の分圧は飽和蒸気圧になっている。

　　2．目盛り付き容器内の液面の高さと水槽の液面の高さを一致させることにより，容器内の気体の圧力は大気圧に等しくなる。

　　したがって，容器内の O_2 の分圧は，

$$O_2 \text{の分圧} = P - p_w$$

　　よって，2分間に発生した酸素の物質量 n〔mol〕は，状態方程式より，

$(P - p_w) V_2 \times 10^{-3} = nR(273 + t)$ より，

$$n = \frac{(P - p_w) V_2}{R(273 + t)} \times 10^{-3}$$

2分後に溶液中に残っている H_2O_2 の物質量は，

H_2O_2 の物質量 = 反応前に存在していた H_2O_2 の物質量

$\qquad\qquad\qquad\qquad$ − 2分間になくなった H_2O_2 の物質量

ここで，上式の左辺の H_2O_2 の物質量は，

$$H_2O_2 \text{ の物質量} = C_2 \times \frac{200}{1000}$$

また，上式の右辺は，

$$\text{反応前に存在していた } H_2O_2 \text{ の物質量} = C_0 \times \frac{200}{1000}$$

反応によりなくなった H_2O_2 の物質量 = $2 \times$ 発生した O_2 の物質量

それぞれを代入すると，次の式が得られる。

$$C_2 \times \frac{200}{1000} = C_0 \times \frac{200}{1000} - 2n$$

$$= C_0 \times \frac{200}{1000} - 2 \times \frac{(P - p_w) V_2}{R(273 + t)} \times 10^{-3}$$

したがって，

$$C_2 = C_0 - \frac{(P - p_w) V_2}{100R(273 + t)} \ \text{〔mol/L〕}$$

問3　水上置換法とアボガドロの法則

　　目盛り付きの容器に捕集した気体は，実際には O_2，水蒸気および空気の混合気体となっている。ここで，発生装置の容器や誘導管に取り残された O_2 と同じ物質量の空気が捕集容器内に押し出されているので，捕集容器に存在する空気は O_2 と見なしてよい。すなわち，「気体の種類に関わらず，同温，同圧，同体積中には同数の分子を含む」という，アボガドロの法則を適用することができる。

問4　速度式と速度定数

　　時間0分～1分における H_2O_2 の平均の濃度と分解速度は，それぞれ次の式で求められる。

$$\text{H}_2\text{O}_2 \text{ の平均の濃度} = \frac{C_0 + C_1}{2}$$

$$\text{H}_2\text{O}_2 \text{ の分解速度} = -\frac{C_1 - C_0}{1 - 0}$$

　同様に，時間 2 分〜3 分，時間 3 分〜4 分，……においてもそれぞれの値を計算して，各時間内の H_2O_2 の平均の濃度を横軸に，H_2O_2 の分解速度を縦軸に表したものが図 2 である。

① 　誤り。k は速度定数（反応速度定数）とよばれる。

② 　誤り。k は図 2 のグラフの傾きを表し，H_2O_2 の濃度には依存しない。

③ 　誤り。分解速度は濃度の一乗に比例しているので一次反応といい，同じ一次反応でも反応物質の種類により k の値は異なる。

④ 　誤り。単位は分$^{-1}$ となる。

$$k = \frac{v}{c} = \frac{\dfrac{\text{mol}}{\text{L}\cdot\text{分}}}{\text{mol/L}} = \text{分}^{-1}$$

⑤ 　正しい。温度を高くすると反応速度は大きくなるので，k も大きくなることがわかる。

第4問　炭酸塩の性質と中和の二段滴定

解答

| 1 | ― ④ | 2 | ― ④ | 3 | ― ⑤ |

解説

問1　二段階の滴定曲線

　水酸化ナトリウム NaOH 水溶液に二酸化炭素 CO_2 を通じると(操作1)，まず次の反応が起こる。

$$2\,NaOH + CO_2 \longrightarrow Na_2CO_3 + H_2O$$

さらに CO_2 を通じると，次の反応が起こる。

$$Na_2CO_3 + CO_2 + H_2O \longrightarrow 2\,NaHCO_3$$

すなわち，通じる CO_2 の量により，NaOH 水溶液の組成は次のように変化する。

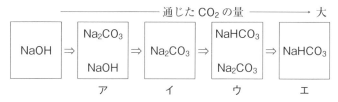

　したがって，水溶液 A の組成は上記ア〜エのどれかに相当する。なお，NaOH と $NaHCO_3$ は次のように反応して Na_2CO_3 に変化してしまうので，水溶液中に NaOH が残っている限りは，$NaHCO_3$ は生じない。

$$NaOH + NaHCO_3 \longrightarrow Na_2CO_3 + H_2O$$

　問題文に与えられた滴定曲線は二段階になっており，また，第一中和点までの滴下量より第一中和点から第二中和点までの滴下量の方が多く，それらの滴下量には次の関係が成立している。

　第一中和点までの滴下量×2＝第一中和点から第二中和点までの滴下量

　アの水溶液を塩酸で滴定した場合，滴定曲線は中和点が2つの二段階となる。滴定を始めてから第一中和点までは，次の2つの反応(1)，(2)が進行する。

$$NaOH + HCl \longrightarrow NaCl + H_2O \qquad (1)$$

$$Na_2CO_3 + HCl \longrightarrow NaCl + NaHCO_3 \qquad (2)$$

　さらに第一中和点から第二中和点までは次の反応が進行する。

$$NaHCO_3 + HCl \longrightarrow NaCl + H_2O + CO_2 \qquad (3)$$

(2)で反応した HCl の量は(3)で反応する HCl の量と等しいので，第一中和点までの滴下量は，(1)で反応する HCl の分だけ，第一中和点から第二中和点までの滴下量より多くなる。すなわち，

　　第一中和点までの滴下量＞第一中和点から第二中和点までの滴下量

したがって，水溶液 A の組成はアではない。

イの水溶液を塩酸で滴定した場合，滴定曲線は中和点が 2 つの二段階となる。滴定を始めてから第一中和点までは(2)の反応が進行し，第一中和点から第二中和点までは(3)の反応が進行する。そのため，滴下量は次の関係が成立する。

　　第一中和点までの滴下量＝第一中和点から第二中和点までの滴下量

したがって，水溶液 A の組成はイではない。

ウの水溶液を塩酸で滴定した場合，滴定曲線は中和点が 2 つの二段階となる。滴定を始めてから第一中和点までは(2)の反応が進行し，第一中和点から第二中和点までは(3)の反応が進行する。ただし，(3)で反応する $NaHCO_3$ は，はじめから存在していた $NaHCO_3$ に，(2)の反応で Na_2CO_3 より生じた $NaHCO_3$ を足したものに等しいので，

　　第一中和点までの滴下量＜第一中和点から第二中和点までの滴下量

ここで，(2)の反応で生じる $NaHCO_3$ の物質量は Na_2CO_3 の物質量に等しく，第一中和点から第二中和点までの滴下量が第一中和点までの滴下量の 2 倍になっていることから，

　　Na_2CO_3 の物質量：$NaHCO_3$ の物質量 ＝ 1：1

したがって，水溶液 A の組成はウとなる。

エの水溶液を塩酸で滴定した場合，(3)の反応のみが進行し，中和点が 1 つの滴定曲線となる。したがって，水溶液 A の組成はエではない。

問2　鍾乳洞の成因

　　水酸化カルシウム $Ca(OH)_2$ の水溶液に CO_2 を通じると，次の反応により炭酸カルシウム $CaCO_3$ の沈殿 B が生じて白濁する（操作 2 ）。

$$Ca(OH)_2 + CO_2 \longrightarrow CaCO_3 + H_2O \qquad (4)$$

　　さらに CO_2 を通じると，次の反応により沈殿は溶解して無色透明な炭酸水素カルシウム $Ca(HCO_3)_2$ の水溶液 C になる（操作 3 ）。

$$CaCO_3 + CO_2 + H_2O \longrightarrow Ca(HCO_3)_2 \qquad\qquad (5)$$

水溶液 C を加熱すると溶解していた CO_2 が追い出されて，(5)の反応の逆反応が起こり，$CaCO_3$ の沈殿 B が生じる（操作4）。

$$Ca(HCO_3)_2 \longrightarrow CaCO_3 + CO_2 + H_2O \qquad\qquad (6)$$

また，沈殿 B を加熱すると，白色の物質 D である酸化カルシウム CaO が生じる（操作5）。

$$CaCO_3 \longrightarrow CaO + CO_2$$

石灰岩の主成分は $CaCO_3$ であり，石灰岩地帯に CO_2 を含む地下水が流入すると，長い年月をかけて(5)の反応により石灰岩が溶解して鍾乳洞が生じる。したがって，鍾乳洞の地下水は $Ca(HCO_3)_2$ の水溶液になっており，溶けている CO_2 や H_2O が追い出されると，操作4の(6)の反応により $CaCO_3$ の沈殿が生じる。この生じた沈殿が鍾乳石や石筍の主成分である。

問3　CaO の性質

物質 D は CaO である。

① 正しい。吸湿性があるので乾燥剤として用いられる。

② 正しい。塩基性であるので CO_2 を吸収する。

③ 正しい。水を吸収すると次の反応により $Ca(OH)_2$ に変化する。

$$CaO + H_2O \longrightarrow Ca(OH)_2$$

この変化は大きな発熱反応であるため，CaO は殺虫剤や食品等で発熱剤として利用されている。

④ 正しい。炭素と混合して強熱すると，カーバイド CaC_2 を生じる。

$$CaO + 3C \longrightarrow CaC_2 + CO$$

⑤ 誤り。金属元素の酸化物であるので塩基性酸化物である。酸性酸化物は主に非金属元素の酸化物が該当する。

第5問　鉄の製錬と酸化還元滴定

解説

問1　鉄の酸化物

　　主な鉄の酸化物には，黒色の酸化鉄（Ⅱ）FeO，黒色の四酸化三鉄 Fe_3O_4，赤褐色の酸化鉄（Ⅲ）Fe_2O_3 などがある。Fe_3O_4 は黒さびともいわれ，鉄をバーナーで加熱すると表面に生じる。また，鉱物は磁鉄鉱で磁性をもち，砂鉄の主成分でもある。Fe_2O_3 は身の周りの鉄が腐食したときにみられ，赤さびともよばれる。また，べんがらともいい，顔料に用いられる。

問2　鉄の製錬

　　コークス C の燃焼などで生じた一酸化炭素 CO により，鉄鉱石中の Fe_2O_3 は，溶鉱炉中で段階的に還元されて銑鉄になる。溶鉱炉中の一連の変化を1つの化学反応式で表すと，

　　　　$Fe_2O_3 + 3CO \longrightarrow 2Fe + 3CO_2$

したがって，

　　得られた Fe の物質量 ＝ 2 × 反応した Fe_2O_3 の物質量

得られた銑鉄を x〔トン〕とすると，

$$x \times 10^6 \times \frac{94.0}{100} \times \frac{1}{56} = 2 \times 1.0 \times 10^6 \times \frac{80}{100} \times \frac{1}{160}$$

　　$x = 0.595$ トン

なお，溶鉱炉中の変化を1つの化学反応式で表さなくても，1 mol の Fe_2O_3 から 2 mol の Fe が得られることは，化学式中の Fe 原子の数から判断できる。

問3　酸化還元滴定

　　酸化還元滴定の終点では，

　　　　酸化剤が受けとった電子の物質量 ＝ 還元剤が放出した電子の物質量

　　与えられた電子を含むイオン反応式より，酸化剤は過マンガン酸カリウム $KMnO_4$ であり，還元剤は硫酸鉄（Ⅱ）$FeSO_4$ である。また，1 mol の過マンガン酸イオン $MnO_4{}^-$ は 5 mol の電子を受けとり，1 mol の Fe^{2+} は 1 mol の電

子を放出するから，求める FeSO$_4$ のモル濃度を x〔mol/L〕とすると，

5 × KMnO$_4$ の物質量 = 1 × FeSO$_4$ の物質量

$$5 \times 0.020 \times \frac{16.0}{1000} = 1 \times x \times \frac{20.0}{1000}$$

$x = 0.080\,\text{mol/L}$